수학
어디까지
알고 있니?

Math in Your Pocket

Conceived by Elwin Street Ltd
Copyright Elwin Street Ltd 2009
144 Liverpool Road
London
N1 1LA
www.elwinstreet.com

Korean Translation Copyright ⓒ 2013 by JakeunChaekbang Korean edition is published by arrangement Elwin Street Limited through BC Agency, Seoul.

수학
어디까지 알고 있니?

ⓒ 마크 프레리, 2013

초판 1쇄 인쇄일 2019년 5월 30일
초판 1쇄 발행일 2019년 6월 10일

지은이 마크 프레리 옮긴이 남호영
펴낸이 김지영 펴낸곳 지브레인 Gbrain
편집 김현주
마케팅 조명구 제작 · 관리 김동영

출판등록 2001년 7월 3일 제2005-000022호
주소 04021 서울시 마포구 월드컵로7길 88 2층
전화 (02)2648-7224 팩스 (02)2654-7696

ISBN 978-89-5979-609-0(04410)
      978-89-5979-610-6(SET)

- 책값은 뒤표지에 있습니다.
- 잘못된 책은 교환해 드립니다.

수학
어디까지 알고 있니?

마크 프레리 지음　남호영 옮김

지브레인

CONTENTS

1

수의 역사

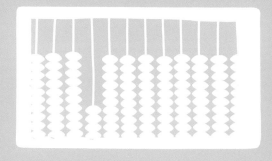

📑 수란 무엇인가

수가 없는 세상을 상상하기란 어렵다. 이미 기원전 3000년보다 더 이전부터 수가 사용되어왔다는 것이 그 증거이다. 당시에는 황소 세 마리와 같이 특별한 대상의 양을 가리킬 때 수가 사용되었다. 그러나 수를 나타내는 특별한 기호는 없었다. 대신 사람들은 4를 나타내기 위해서는 선을 네 번 반복해서 긋는 것과 같은 방법을 사용했다.

초기 숫자

처음 숫자가 사용된 흔적은 지금의 아프가니스탄 동부 지역과 펀잡 북부 지역의 동굴에서 발견되었다. 카로슈티* 숫자는 적어도 3세기 정도까지 이 지역에서 사용한 문자를 이용한 숫자 체계이다. 시간이 흐르면서 수를 나타내는 기호, 즉 숫자는 점점 복잡해져갔다. 많은 문화권에서 문자로 수를 나타내거나 일, 이, 삼 등의 간단한 수만을 나타내는 기호를 만들었다. 사실상 거의 불가능해 보였지만, 이런 기호로 무엇이든—수학과 같은—할 수 있게 되었다.

현대 수의 기원

많은 사람들은 오늘날 우리가 사용하는 숫자는 3세기경 인도의 힌두 수학자가 만들어냈다고 믿고 있다(11쪽 그림 참조).

지금의 이란 지역에 살던 유목민족 사카는 1세기부터 표에 있는 사카 숫자를 만들어 사용했다.

200년경부터는 인도의 마하라스트라의 동굴에서 발견된 것과

---

* (옮긴이 주)카로슈티 문자는 고대 인도의 문자를 말한다. 페르시아 제국에서 쓰였던 아람 문자를 본떠서 만들어졌으며 기원전 3세기에서 기원후 3세기경까지 인도 서북부 지방에서 중앙아시아에 걸쳐 사용되었다. 길고 좁은 목간(나무 조각)에 기록된 문자들이 많이 발견되어 카로슈티 문자를 목간문자라고도 한다. 목간은 종이가 발명되기 이전에 널리 쓰였다.

같이 지금 우리가 사용하는 숫자에 점점 가까운 형태가 되었다.

10세기부터는 지금의 숫자와 비슷한 것이 사용되었다. 고바르 숫자**는 인도의 수학자들에게서 배운 아랍의 수학자들에 의해 스페인으로 전해졌다고 여겨진다.

아프리카의 이상고에서 발견된 뼈는 기원전 2만 년경의 것으로 보이는데, 수학 내용으로는 가장 오래된 기록일 것이다. 이 뼈에는 수를 표현한 일련의 눈금이 새겨져 있다.

인쇄기가 발명되기 전까지 기호를 기록하고 사용하는 방법은 오직 다시 쓰는 방법뿐이었다. 따라서 기호가 전해 내려오는 과정에서 부득이하게 약간씩 바뀌었다.

** (옮긴이 주)이슬람 시대에는 아라비아 숫자를 고바르 숫자라고 불렀다. 인도에서 만들어진 숫자를 아랍의 상인들이 유럽으로 옮겼는데, 이 통로가 스페인이었다. 당시 숫자는 여러 경로로 전해졌고, 스페인의 동칼리프 왕조와 서칼리프 왕조에서 사용된 숫자는 서로 달랐다. 고바르 숫자는 서칼리프 왕조를 통해서 정착되었고 지금 사용하는 숫자의 원형이다. 고바르는 모래나 먼지를 뜻하는 말로, 아라비아인들의 모래를 넣은 얇은 상자에 이 숫자를 써서 계산한 데서 생긴 이름이다.

시기별 숫자

카로슈티 숫자 BC 300	아슈카 숫자 BC 300	사카 숫자 BC 100	나시크 숫자 AD 200	로마 숫자 BC 100~ AD 100	고바르 숫자 AD 700	이스턴 아랍 숫자 AD 900년경	인두 아랍 숫자 AD 900년경
						•	0
❘	❘	❘	—	I	❙	❙	1
❙❙	❙❙	❙❙	=	II	ع	٢	2
		❙❙❙	≡	III	ﺯ	٣	3
❙❙❙❙	✚	✕	✚	IV or IIII	ﻉ	٤	4
❙❙❙❙❙		❙✕	ﭪﭨ	V	۹	٥	5
	ﻉﻉ	❙❙✕	ﭲ	VI	ﺯ	٦	6
		٦	ﺭ	VII	ﺯ	٧	7
		✕✕	ﺱﭮ	VIII	8	٨	8
		ﺭ	ﺭ	IX	٩	٩	9

참고 숫자가 전해 내려오지 않는 칸은 빈칸으로 두었다. 초기 숫자에는 영을 나타내는 기호가 없었다(이 장의 뒷부분 참조). 두 개의 기호가 사용된 경우도 보인다.

출처 데이비드 유진 스미스, 루이 샤를 카르핀스키(1911), 《인두 아랍 숫자》

고대 수학의 연대기

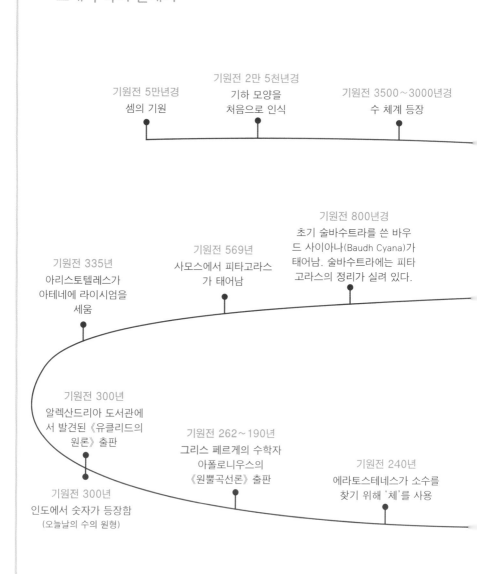

기원전 5만년경
셈의 기원

기원전 2만 5천년경
기하 모양을
처음으로 인식

기원전 3500~3000년경
수 체계 등장

기원전 800년경
초기 술바수트라를 쓴 바우
드 사이아나(Baudh Cyana)가
태어남. 술바수트라에는 피타
고라스의 정리가 실려 있다.

기원전 569년
사모스에서 피타고라스
가 태어남

기원전 335년
아리스토텔레스가
아테네에 라이시엄을
세움

기원전 300년
알렉산드리아 도서관에
서 발견된 《유클리드의
원론》 출판

기원전 262~190년
그리스 페르게의 수학자
아폴로니우스의
《원뿔곡선론》 출판

기원전 240년
에라토스테네스가 소수를
찾기 위해 '체'를 사용

기원전 300년
인도에서 숫자가 등장함
(오늘날의 수의 원형)

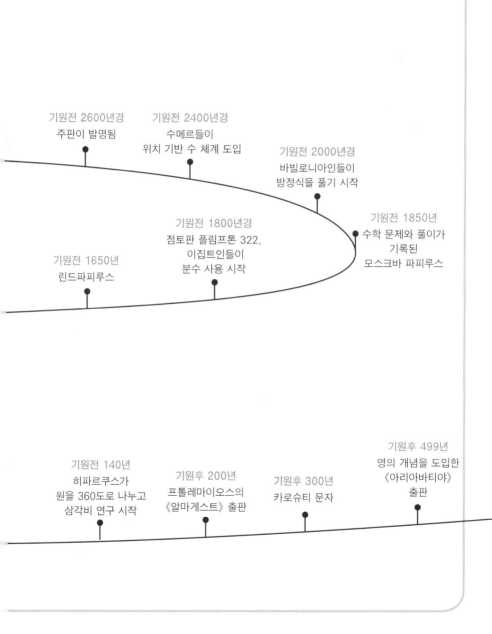

기원전 2600년경
주판이 발명됨

기원전 2400년경
수메르들이
위치 기반 수 체계 도입

기원전 2000년경
바빌로니아인들이
방정식을 풀기 시작

기원전 1850년
수학 문제와 풀이가
기록된
모스크바 파피루스

기원전 1800년경
점토판 플림프톤 322,
이집트인들이
분수 사용 시작

기원전 1650년
린드파피루스

기원전 140년
히파르쿠스가
원을 360도로 나누고
삼각비 연구 시작

기원후 200년
프톨레마이오스의
《알마게스트》 출판

기원후 300년
카로슈티 문자

기원후 499년
영의 개념을 도입한
《아리아바티야》
출판

📋 수학의 중심지

바빌론

이 고대 도시는 기원전 3000년과 540년 사이에 티그리스와 유프라테스강 사이의 지금의 이라크 지역에 있었던 수학의 온상지이다. 바빌론의 사람들은 수 60을 기본수로 하는 육십진법(오늘날 우리가 사용하는 것은 기본수가 10인 십진법이다)을 사용했다.

이 지역의 수학자들은 분수를 사용했을 뿐만 아니라 간단한 이차방정식을 풀 수 있는 지식을 갖고 있었다. 기원전 1800년경에 만들어진 것으로 보이는 점토판 플림프톤 322(콜롬비아 대학의 플림프톤 모음 322번째라는 뜻)에는 방정식 $x - \dfrac{1}{x} = c$의 해들이 새겨져 있다.

이집트

플림프톤 322가 만들어지던 즈음, 이집트인들은 자신들의 수학적 이론을 파피루스에 기록하고 있었다. 이집트인들도 분수를 사용했는데, 오직 단위분수($\dfrac{1}{2}$과 $\dfrac{1}{4}$ 같이 분자가 1인 분수)만을 사용했다.

19세기 중반 이집트 연구가였던 알렉산더 린드는 기원전 1650

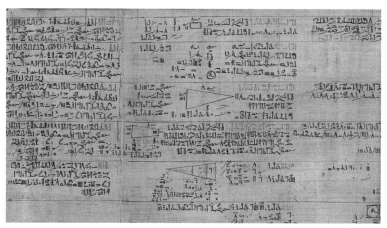

직사각형, 삼각형, 뿔의 넓이를 다룬 〈린드파피루스〉.

년경에 만들어진 것으로 보이는 파피루스 하나를 영국으로 가져
왔는데, 이것을 린드파피루스라고 부른다. 린드파피루스를 보면
이집트인들은 기하와 대수를 포함하는 매우 수준 높은 수학 지식
을 갖고 있었음을 알 수 있다.

　바빌로니아인들처럼, 이집트인들도 음식을 나누는 방법, 어떤
물체의 넓이와 부피를 계산하는 방법 등 실용적인 문제를 해결하
는 데 수학을 사용했다.

고대 그리스

　바빌로니아인이나 이집트인들이 문제를 해결하기 위해 수학을

연구한 것과는 달리 고대 그리스인들은 처음으로 수학 자체를 위해서 수학을 연구한 사람들이다. 그리스인들은 기하와 특별한 성질의 수를 찾는 것과 같은 정수론 분야에 주요한 업적을 남겼다.

또한 그리스인들은 연역을 통해서 모든 경우에 명제가 참임을 보이는 수학적 증명을 처음으로 만들어내었다.

기원전 6세기부터 기원후 1세기 즈음, 이 시대의 위대한 수학자들 중에는 고대 그리스에서 태어난 사람들이 많았다. 그중에는 삼각형에 관한 정리로 유명한 피타고라스, 기하 연구로 유명한 탈레스와 유클리드, 극한에 대한 연구와 유레카로 명성이 높은 아르키메데스가 있다.

중국

중국의 초기 수학사의 많은 부분이 수를 세는 방법과 관련되어 있다. 수를 나타내는 조그만 막대인 수막대는 중국과 아시아에서 대략 2000년 전부터 사용되었다.

구장산술은 기원전 1000년에서 기원후 100년에 이르는 오랜 기간 동안 쓰여진 것으로 보이는데, 넓이와 부피를 계산하는 방법, 비례, 대수를 포함한 수학 지식들이 담겨 있다.

인도

인도의 수학은 기원전 2500~1700년 사이에 인도 계곡에서 시작되었다.

그리고 천년 후에 베다 종교인들에 의해 제단을 만드는 지식(피타고라스의 정리 포함)이 술바 경전 암송이라는 방법으로 전해지게 된다.

1881년, 지금은 박샬리 필사본으로 알려진 수학 기록이 인도에서 발견되었다. 2세기 또는 3세기에 자작나무 껍질에 쓴 것으로 보이는데, 여기에는 제곱근과 음수의 사용에 대한 논의가 포함되어 있다.

📋 위대한 수학자들

이름	연도	국가	업적
브라마굽타	598~668	인도	영, 음수의 사용, 선형방정식
무하마드 이븐 무사 콰리즈미	780~850	우즈베키스탄	대수:수라는 말은 이 사람의 책 제목에서 유래했다.
알 카라지	953~1029	페르시아	귀납적 증명, 대수
오마르 카얌	1048~1123	페르시아	대수 미지량은 x로 표현하는 것을 포함, 평행선의 정리
베쓰의 아델라드	1080~1152	영국	아랍의 주요한 업적을 라틴어로 번역
바스카라	1114~1185	인도	이차방정식과 삼차방정식, 미분, 영으로 나누기, 기수법
사라프 알 딘 알 투시	1135~1213	페르시아	함수의 개념, 삼차방정식
피보나치	1170~1250	이탈리아	피보나치 수와 힌두-아라비아 수 체계
니콜 오렘	1323~1382	프랑스	좌표기하학, 분수지수
시피오 델 페로	1465~1526	이탈리아	삼차방정식
로버트 레코드	1510~1558	웨일즈	등호 도입
로도비코 페라리	1522~1565	이탈리아	이차방정식
바톨로메우스 피티스쿠스	1561~1613	독일	삼각법

이름	연도	국가	업적
윌리엄 오트레드	1575~1660	영국	곱셈 기호 도입, 사인과 코사인 사용
르네 데카르트	1596~1650	프랑스	해석기하학 탄젠트 연구, 미적분의 기반 닦음
피에르 드 페르마	1601~1665	프랑스	정수론, 미적분의 기반 닦음, 페르마의 마지막 정리 (n이 2보다 클 때 $a^n + b^n + c^n$을 만족하는 양의 정수 a, b, c는 없다).
존 월리스	1616~1703	영국	지수 기호, 수직선, 무한급수
블레즈 파스칼	1623~1662	프랑스	이항계수의 파스칼의 삼각형, 확률론
요한 드 비트	1625~1672	네덜란드	확률론
아이작 뉴턴	1642~1727	영국	미적분학의 무한소, 이항정리, 멱급수
고트프리드 빌헬름 라이프니츠	1646~1716	독일	미적분학의 무한소, 위상수학, 선형방정식
레온하르트 오일러	1707~1783	스위스	수학적 개념함수 등, 멱급수, 정수론
마리아 아그네스	1718~1799	이탈리아	미적분학
조제프 루이 라그랑주	1736~1813	이탈리아	변분법, 라그랑주 역학, 확률론, 군론
피에르시몽 드 라플라스	1749~1827	프랑스	통계와 확률론, 미분방정식

이름	연도	국가	업적
아드리앙 마리 르장드르	1752~1833	프랑스	최소제곱법, 통계학, 타원 함수, 르장드르 변환
카를 프리드리히 가우스	1777~1855	독일	정수론, 통계학, 대수의 기본법칙
오귀스탱 루이 코시	1789~1857	프랑스	미적분의 무한소, 해석학, 복소해석학
어거스트 뫼비우스	1790~1868	독일	뫼비우스 때, 정수론
찰스 베비지	1791~1871	영국	차분엔진 설계, 현대 컴퓨터의 선구자
칼 자코비	1804~1851	프러시아	타원 함수, 정수론
오거스터스 드 모르간	1806~1871	영국 (인도 태생)	드 모르간의 법칙, 수학적 귀납법
에바리스트 갈루아	1811~1832	프랑스	군론
조지 불	1815~1864	영국	논리
프랜시스 갈톤	1822~1911	영국	표준편차, 회귀
베른하르트 리만	1826~1866	독일	N차원 기하, 해석학
소냐 코발레프스카야	1850~1891	러시아	해석학, 미분방정식
앙리 푸앵카레	1854~1912	프랑스	푸앙카레 가설, 수리물리
안드레이 마르코프	1856~1922	러시아	확률과정

이름	연도	국가	업적
다비트 힐베르트	1862~1943	독일	불변이론, 함수해석학, 힐베르트 공간
아멜리에 에미 뇌터	1882~1935	독일	추상대수학
로버트 L. 무어	1882~1974	미국	위상수학
헤르만 베일	1885~1955	독일	다양체와 위상수학
노버트 위너	1894~1964	미국	집합론
메리 카트라이트	1900~1998	영국	함수론
존 폰 노이만	1903~1957	헝가리	논리집합론과 게임이론
안드레이 콜모고로프	1903~1987	러시아	위상수학, 확률론, 논리
쿠르트 괴델	1906~1978	오스트리아-헝가리 제국	불완전성 정리, 수학적 증명
앨런 튜링	1912~1954	영국	알고리즘, 계산
폴 에르되시	1913~1996	오스트리아-헝가리 제국	정수론, 조합론, 확률론
존 튜키	1915~2000	미국	통계학
줄리아 로빈슨	1919~1985	미국	결정문제
베누아 만델브로	1924~2010	프랑스	프랙탈 기하학, 만델브로 집합
앤드류 존 와일즈	1953~	영국	페르마의 마지막 정리 증명, 정수론

📑 계산기

역사를 통틀어 수학자들과 사람들은 수를 쉽게 계산하기 위해 다양한 기구, 장치들을 사용해왔다.

주판

주판은 오늘날 판이라는 의미의 고대 그리스어 'abax'에서 유래했다. 누가 주판을 만들어냈는지 정확하게는 모르지만 이라크 남쪽에 살던 수메르인들로 추측하는 사람들이 많다. 주판의 모양은 별로 변하지 않았다. 세로로 알들이 꿰어져 있고 각각의 세로줄은 옆 줄의 몇 배를 나타낸다. 수메르인들은 육십진법을 사용했으므로 60배였을 것이고 십진법을 사용하는 사람들에게는 10배였을 것이다.

주판은 처음으로 나타낸 계산기이고 기원전 2600년경 수메르인들에 의해 발명되었을 것으로 추측된다.

안티키테라 장치

안티키테라 장치는 주판과는 비교할 수 없을 정도로 복잡한 장치이다. 서로 복잡하게 얽힌 30개의 기어로 만들어진 이 비범한 장치는 1891년 그리스의 안테키테라 섬의 난파선에서 발견되었다. 최근에 연구가들은 이것이 천문학에서 사용되던 매우 정교한 계산기임을 밝혀냈다. 기원전 150~100년 사이에 만들어진 것으로 보이며, 그리스의 수학 수준이 생각했던 것보다 훨씬 더 높았음을 알 수 있다.

계산하는 시계

1623년 독일의 빌헬름 쉬카드는 계산기의 전신을 발명했다. 시계에 사용하는 톱니를 사용하여 만들어진 계산하는 시계는 여섯 자리 수의 덧셈과 뺄셈을 할 수 있다.

파스칼의 계산기

프랑스의 과학자이자 철학자인 블레즈 파스칼은 1642~1645년에 더하는 기계를 발명했다. 쉬카드의 장치와 비슷하게 파스칼의 계산기도 여덟 자리 수의 덧셈과 뺄셈을 할 수 있다.

17세기에 만들어진 파스칼의 계산기.

라이프니쯔의 계산기

고트프리드 라이프니쯔(미적분을 발전시킨 독일의 수학자로 유명)는 1673년 파스칼의 계산기보다 훨씬 정교한 계산기를 만들었다. 이 계산기는 곱셈, 나눗셈과 제곱근 계산도 가능했다.

차분엔진

1822년 영국의 수학자 찰스 베비지는 로그표를 자동 생성하여 결과적으로 모든 오차를 자동 제거하는, 증기로 움직이는 황동 컴퓨터를 제안했다. 영국 정부로부터 충분한 투자를 받지 못한 베비지는 차분계산기로 불렀던 이 컴퓨터를 만들지 못했지만 대신 해석기관이라고 부르는 좀더 일반적인 계산이 가능한 계산기

를 설계했다. 이후 1991년 런던 과학 박물관에서 베비지의 설계
를 이용한 차분계산기가 만들어져 작동함이 확인되었다.

첫 번째 휴대용 계산기

첫 휴대용 계산기는 1971년에 만들어진 버지콤 LE-120A이
다. 이 계산기는 열두 자리를 표시할 수 있고 고정점 자리만을 계
산할 수 있었다. 그 다음 해, 휴렛 팩커드는 처음으로 사인, 코사
인도 계산할 수 있는 휴대용 공학계산기, HP35를 출시했다. 그
때까지의 계산기는 덧셈, 뺄셈, 나눗셈과 곱셈만을 할 수 있었다.
HP35 계산기의 가격은 395달러였다.

런던 과학박물관의 기술자들은 1847~
1849년에 찰스 베비지의 설계에 따라
차분기계를 만들었다.
베비지는 이 기계가 수를 연속적으로
계산하고 자동으로 그 결과를 인쇄할
것으로 확신했었다.

2

수학 개념

🪨 수학기호

십진법을 사용하는 것이 매우 자연스러워 보여 다른 진법을 사용하는 것을 상상하기조차 어렵다. 십진법을 사용하는 이유가 우리 손가락이 10개이기 때문이라고 종종 말하지만 이것으로는 고대 바빌로니아의 위대한 수학자들이 육십진법을 사용한 이유를 설명하지 못한다.

영

고대 바빌로니아의 진법은 현대 사회로 전해지지 못했지만 영은 예외이다. 우리에게는 왜 영이 필요한가? 아마도 영의 가장 강력한 효과는 로마인들이 했듯이 큰 자리의 수를 나타낼 때 새로운 기호나 약속이 필요하지 않다는 점일 것이다.

$$I = 1$$
$$X = 10$$
$$C = 100$$
$$M = 1000$$

로마 수 체계의 문제점은 계산하려고 할 때 나타난다. 로마 숫자로는 종이에 쓰면서 더하거나 빼기가 쉽지 않다.

그런데 1부터 9까지의 수가 양을 나타내는 동안, 영은 자리를 지키는 역할을 하기 때문에 이 한계를 극복하는데 도움이 된다. 따라서 3이라는 숫자는 3, 30, 300, 3000을 나타내는데 사용될 수 있고, 결국 0을 계속 써가는 것만으로 끝없이 커지는 수들을 만들어낼 수 있다.

수로서의 영의 개념은 7세기에 브라마굽타가 산술 규칙을 세우기 전까지는 생각하지 못했다. 브라마굽타는 영에 영을 더하면 영이고 모든 수에 영을 곱하면 영이라는 규칙을 세웠다.

음수

기원전 4세기 정도, 또는 그 이전부터 음수는 우리 주변에 있었다. 예로 중국 전국시대의 무덤에서 발견된 수 막대는 계산에 사용되었는데, 양수를 나타내는 막대는 빨간색, 음수를 나타내는 막대는 검은색이었다.

브라마굽타의 규칙

인도의 수학자 브라마굽타는 음수(빚이라고 불렀다)와 양수(행운이라고 불렀다)를 다루는 방법에 대한 형식적인 규칙을 정했다.

브라마굽타의 규칙	의미
영에서 빚을 빼면 행운이다.	영에서 음수를 빼면 양수가 된다.
영에서 행운을 빼면 빚이다.	영에서 양수를 빼면 음수가 된다.
두 빚의 곱과 몫은 행운이다.	두 음수의 곱은 양수이다ㆍ
빚과 행운을 곱하면 빚이 된다.	음수를 양수로 나누거나 음수에 양수를 곱하면 음수이다.

자연수

휴스톤은 미국에서 인구가 네 번째로 많은 도시라고 말할 때와 같이 우리가 개수를 세거나 순서를 정하느라 매일 매일 사용하는 수에 수학자들이 붙인 이름이 자연수이다. 어떤 수학자들은 자연수에 영을 포함시키기도 하는데, 이것은 아직 풀리지 않은 뜨거운 논쟁거리이다.

정수

정수는 (분수와 소수를 포함하지 않는) 수 전체이다. 정수는 -4, -3, -2, -1, 0, 1, 2, 3, 4와 같이 자연수와 자연수에 음의 부호를 붙인 모든 수들을 말한다. 어느 두 정수를 덧셈, 뺄셈, 곱셈해도 항상 또 다른 정수가 된다.

🗻 기본 연산

방정식과 식

방정식은 한 변이 다른 변과 같다는 수학적인 진술이다. 식은 더 넓은 개념으로 등호를 포함하지 않는 식까지 포함한다. 방정식과 식 모두 수를 포함할 뿐더러 $y=x+2$ 또는 $y>x+2$와 같이 수를 대신하는 문자도 포함한다.

곱셈과 덧셈

1+2와 2+1의 계산 결과가 같다는 것은 쉽게 알 수 있다. 어느 두 수를 선택해서 더해도 마찬가지이다. 만약 a와 b를 선택했다면, $a+b=b+a$라고 말할 수 있으며 이는 a와 b가 얼마이든 상관없다. 이것을 교환법칙이라고 한다.

곱셈에서도 $a×b=b×a$와 같이 교환법칙이 성립한다. 그렇지만 뺄셈($a-b≠b-a$)과 나눗셈($a÷b≠b÷a$)에서는 a와 b가 같은 수가 아닌 한, 교환법칙은 성립하지 않는다.

곱셈과 덧셈에서는 결합법칙도 성립한다. $a+(b+c)=(a+b)+c$, $a×(b×c)=(a×b)×c$. 결합법칙이란 어느 두 수를 먼저 더하더라도 똑같은 답을 얻게 된다는 뜻이다. 교환법칙의 뺄셈과 나눗셈처럼 결합법칙도 뺄셈과 나눗셈에서는 성립하지 않는다.

이 두 법칙은 대수에서 매우 중요하다. 이 두 법칙에 의해 방정식을 쉽게 다룰 수 있다.

나눗셈

나눗셈에서 각 수들은 특별한 이름이 있다. 나누어지는 수, 나누는 수가 바로 그것이다. 나눗셈의 결과는 몫이라고 한다. 만약 나누어떨어지지 않으면 남은 수를 나머지라고 한다(예를 들어, 5÷2=2 나머지 1). 정확하게는 분수로 또는 소수로 나타낼 수 있다.

🏔 제곱과 지수

큰 수나 복잡한 수는 거듭제곱 또는 지수를 이용해서 나타낼 수 있다. 많은 사람들이 제곱으로 지수를 처음 경험한다. 어떤 수를 제곱한다는 것은 두 번 곱한다는 뜻이다. 예를 들어, 3의 제곱은 3×3이다. 수학자들은 3^2과 같이 쓰기도 하는데, 작은 숫자 2는 3을 몇 번 곱했는지 나타낸다. 작은 숫자 2를 지수라고 부른다.

세제곱

어떤 수를 세제곱한다는 것은 그 수를 세 번 곱한다는 뜻이다. 예를 들어, 4의 세제곱은 $4 \times 4 \times 4$ 또는 4^3이다. 여기서 작은 숫자 3은 밑이라고 부르는 큰 숫자 4가 몇 번 곱해졌는지 나타낸다. 보통 'y의 x제곱'은 y가 x번 곱해졌음을 나타낸다.

10의 거듭제곱

10의 거듭제곱은 매우 큰 수를 나타낼 때 쓰인다. 100은 10의 제곱, 10^2과 같다. 마찬가지로 1,000은 10^3, 10,000은 10^4, 100,000은 10^5, 1,000,000은 10^6이다. 수가 길어질수록 거듭제곱을 이용해서 나타내는 것이 더 편리하다. 10^{21}을 쓰는 것이 1,000,000,000,000,000,000,000을 쓰는 것보다 더 빠르다.

지수를 음수로 하는 거듭제곱은 아주 작은 분수를 나타낼 때 쓰인다. $\frac{1}{2}$은 2의 지수가 -1, 즉 2^{-1}을 뜻한다. 마찬가지로 $\frac{1}{4}$은 1을 2의 제곱으로 나눈 수, 2^{-2}으로 생각할 수 있다.

이 방법은 10의 거듭제곱에도 적용된다. 10^{-2}은 1을 10의 제곱으로 나누었다는 뜻이다. 10^{-3}은 1을 10의 세제곱으로 나누었다는 뜻이다. 매우 작은 수들도 모두 10의 거듭제곱으로 나타낼 수 있다. 1.3×10^{-21}은 1을 1,000,000,000,000,000,000,000으로 나눈 후에 1.3을 곱한 수 또는 0.0000000000000000000013이다.

거듭제곱

10의 거듭제곱은 백만, 조, 또는 훨씬 더 큰 어떤 수를 나타낼 때도 사용할 수 있다. 다른 수를 얻기 위해서는 1과 10 사이의 수를 곱하면 된다. 예를 들어, 1.3×10^{21}은 1,300,000,000,000,000,000,000과 같은 수이다.

7,354,267을 10의 거듭제곱을 이용해서 나타내려면 어떻게 해야 할까?

🪨 제곱근

제곱근은 거듭제곱의 반대이다. 3을 제곱하면 3^2 또는 3×3 또는 9라면, 거꾸로 생각하면 3은 9의 제곱근 또는 $\sqrt{9}$ 이다. 마찬가지로, 3^3이 $3 \times 3 \times 3$ 또는 27이라면, 3은 27의 세제곱근이다.

거듭제곱은 제곱근을 나타낼 때도 쓰인다. 어떤 수의 제곱근은 지수가 $\frac{1}{2}$인 수와 같고, 세제곱근은 지수가 $\frac{1}{3}$인 경우와 같다.

보통은 제곱근과 세제곱근이 흔하지만, 네제곱근, 다섯제곱근, 여섯제곱근 등도 사용한다. 수학적으로는 백만제곱근도 가능하다.

10의 거듭제곱

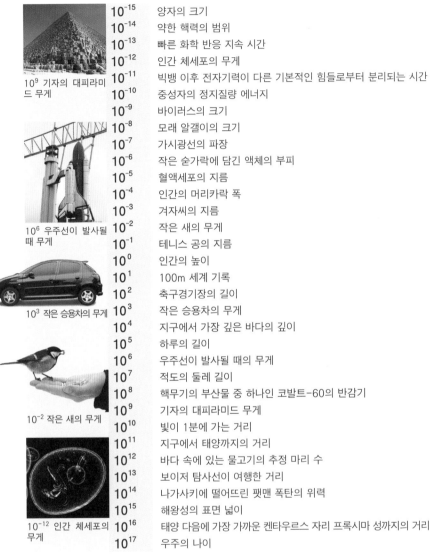

10^{-15}	양자의 크기
10^{-14}	약한 핵력의 범위
10^{-13}	빠른 화학 반응 지속 시간
10^{-12}	인간 체세포의 무게
10^{-11}	빅뱅 이후 전자기력이 다른 기본적인 힘들로부터 분리되는 시간
10^{-10}	중성자의 정지질량 에너지
10^{-9}	바이러스의 크기
10^{-8}	모래 알갱이의 크기
10^{-7}	가시광선의 파장
10^{-6}	작은 숟가락에 담긴 액체의 부피
10^{-5}	혈액세포의 지름
10^{-4}	인간의 머리카락 폭
10^{-3}	겨자씨의 지름
10^{-2}	작은 새의 무게
10^{-1}	테니스 공의 지름
10^{0}	인간의 높이
10^{1}	100m 세계 기록
10^{2}	축구경기장의 길이
10^{3}	작은 승용차의 무게
10^{4}	지구에서 가장 깊은 바다의 깊이
10^{5}	하루의 길이
10^{6}	우주선이 발사될 때의 무게
10^{7}	적도의 둘레 길이
10^{8}	핵무기의 부산물 중 하나인 코발트-60의 반감기
10^{9}	기자의 대피라미드 무게
10^{10}	빛이 1분에 가는 거리
10^{11}	지구에서 태양까지의 거리
10^{12}	바다 속에 있는 물고기의 추정 마리 수
10^{13}	보이저 탐사선이 여행한 거리
10^{14}	나가사키에 떨어뜨린 팻맨 폭탄의 위력
10^{15}	해왕성의 표면 넓이
10^{16}	태양 다음에 가장 가까운 켄타우르스 자리 프록시마 성까지의 거리
10^{17}	우주의 나이

사진 설명 (이미지 내 캡션):
- 10^{9} 기자의 대피라미드 무게
- 10^{6} 우주선이 발사될 때 무게
- 10^{3} 작은 승용차의 무게
- 10^{-2} 작은 새의 무게
- 10^{-12} 인간 체세포의 무게

길이는 미터, 넓이는 제곱미터, 부피는 세제곱미터, 무게는 킬로그램, 시간은 초, 에너지는 줄 단위이다.

📐 분수

분수는 분자-분수에서 위쪽에 있는 수-와 분모-분수에서 아래쪽에 있는 수-의 두 부분으로 이루어진다.

분수는 약분을 할 수 있다. 분수 $\frac{2}{4}$ 를 생각해보자. 만약 파이를 네 개로 나누고 그중 두 개를 색칠한다면 다음과 같은 모양이 될 것이다. 즉 네 개 중의 두 개는 절반과 같다.

분수는 산술의 기본법칙을 사용해서 간단히 할 수 있다. 분모 4는 2×2와 같고, 분자 2는 2×1과 같으므로 다음과 같이 다시 쓸 수 있다.

$$\frac{2}{4} = \frac{2 \times 1}{2 \times 2}$$

이제 약분을 해보자. 우변의 위, 아래에 모두 2가 있다. 이 두 수를 약분하면, 기약분수 $\frac{1}{2}$이 남는다. 약분은 위, 아래에 똑같은 수가 있도록 다시 쓸 수 있는 모든 분수에 적용할 수 있다.

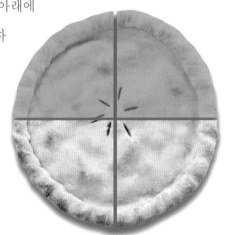

practice

역수

분수를 다룰 때에는 역수를 이용하면 편리하다. 그 규칙은 아래와
같다.
분자에 나누는 수의 역수를 곱한다(역수는 그 수를 1로 나눈 수이다).

8을 0.25로 나누면 얼마일까?

🏔 소수

분수는 영과 1 사이에 있는 어떤 수들에서는 유용하지만 더 복잡한 형태의 수를 나타내기에는 편하지 않을 때도 있다. 십진법 체계는 기본수를 10으로 하여 10의 거듭제곱에 기반하고 있는데, 1보다 더 작은 수도 나타낼 수 있다. 만약 12,345을 10으로 나눈다면, 몫은 1,234이고 나머지는 5 또는 1,234와 $\frac{5}{10}$이다. 이 것을 소수로 바꾸려면, 1,234 다음에 $\frac{1}{10}$이 몇 개 있는지를 쓰면 된다. 그 답은 1,234.5이다.

소수점 아래 작은 수들도 정수와 비슷한 방법으로 나타낼 수 있다. 소수점 아래에서 왼쪽으로 한 자리씩 옮길 때마다 10의 거듭제곱만큼 커지고, 오른쪽으로 한 자리씩 옮길 때마다 10의 거

듭제곱만큼 작아진다. 이 말은 소수점 아래 첫째 자리는 $\frac{1}{10}$, 그 다음 자리는 $\frac{1}{100}$ 과 같이 된다는 뜻이다.

그러므로 8.7654는 8에 $\frac{7}{10}$, $\frac{6}{100}$, $\frac{5}{1000}$, $\frac{4}{10000}$ 를 더한 수이다.

자리값

반올림(10, 100, 1,000,000과 같이 가장 가까운 수로 근사하는 과정)은 $\frac{1}{10}$, $\frac{1}{100}$, $\frac{1}{1,000,000}$ 과 같이 소수점 아래 자리수를 기준으로도 할 수 있다. 이 수들은 소수점 아래 첫째 자리, 둘째 자리, 여섯째 자리의 수로 반올림되어 표현되거나 그 자리 이후의 수들은 버리게 된다.

유효숫자

정확한 측정값을 계산하기 위해 유용한 또 다른 반올림을 하는 방법이 있다. 123을 100,000으로 나눈 결과인 0.00123을 생각해보자. 소수점 아래 바로 따라오는 영은 이 수가 얼마나 작은지만 말해줄 뿐이다. 이것들은 유효숫자가 아니다. 따라서 소수점 아래의 자리수를 모두 말하는 대신 어떤 수의 유효숫자만 말할 수 있다. 0.00123을 첫째 유효숫자까지 말하면 0.001이고, 둘째 유효숫자까지 말하면 0.0012이다.

백분율

백분율은 기본값과 비교해서 얼마나 증가했는지, 얼마나 감소했는지 계산할 때 유용하다. 예를 들어, 60cm인 두 살 된 아이의 키가 일년 후에 72cm가 되었다고 하자. 우리는 12cm만큼 컸다고 말할 수 있지만 이 수로부터 알 수 있는 것은 많지 않다. 이 경우에는 원래의 키와 비교할 필요가 있다.

한 가지 방법이 백분율을 계산하는 것이다. 원래의 수를 100으로 나눈 값을 원래의 양의 1퍼센트(1%)라고 한다. 시행착오를 통해서 그 1%를 구하기보다는 다음과 같은 방법을 사용한다.

$$\text{백분율} = \frac{\text{새로운 양} - \text{원래의 양}}{\text{원래의 양}} \times 100\%$$

$$\text{키의 백분율} = \frac{72 - 60}{60} \times 100\% = 20\%$$

(이 식을 쓸 때 보통 분모에 원래 양을 놓지 않고
새로운 양을 놓는 실수를 많이 한다)

통분, 소수, 백분율

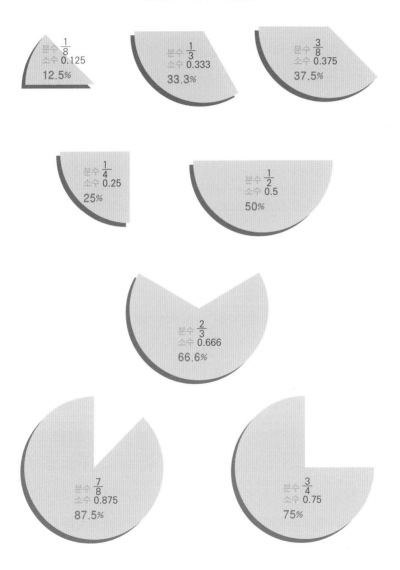

분수 $\frac{1}{8}$
소수 0.125
12.5%

분수 $\frac{1}{3}$
소수 0.333
33.3%

분수 $\frac{3}{8}$
소수 0.375
37.5%

분수 $\frac{1}{4}$
소수 0.25
25%

분수 $\frac{1}{2}$
소수 0.5
50%

분수 $\frac{2}{3}$
소수 0.666
66.6%

분수 $\frac{7}{8}$
소수 0.875
87.5%

분수 $\frac{3}{4}$
소수 0.75
75%

🪨 유리수와 무리수

무리수는 a, b가 정수일 때 $\frac{a}{b}$ 꼴의 기약분수로 나타낼 수 없거나 순환소수로 나타낼 수 없는 수를 말한다. 2의 제곱근, π, e와 같은 수들이 무리수이다. 기약분수로 나타내어지거나 순환소수를 유리수라고 한다.

🪨 특별한 수

π, e

π는 아마도 특별한 수 중에 가장 널리 알려진 수일 것이다. π는 원의 둘레의 길이를 지름(원 위의 한 점에서 중심을 지나 원 위의 또 다른 점까지 이르는 거리)으로 나눈 수로 정의된다. π의 값은 $3.1415926535\cdots$이다. 말줄임표는 π가 무리수(왼쪽의 설명 참조)라는 뜻인데, 소수점 아래에 수가 반복없이 무한히 계속된다. 아르키메데스가 π의 근삿값으로 3.14를 계산해낸 기원전 3세기까지 π의 근삿값으로 3이 사용되었다. 그 후 2세기에 3.1416으로 되었다가 시간이 흐르면서 점점 더 정확하게 계산되었다.

무한대

무한대는 엄격히 말하면 수는 아니지만 지금이 언급하기 적당한 때이다. 무한대는 기호 ∞로 나타내며 발산하는 극한의 개념을 보여줄 때 사용한다.

예를 들어, 다음과 같은 무한 합을 무한대라고 할 수 있다.

$$1+2+4+8+16+32+\cdots$$

이것은 극한을 이해할 때도 종종 사용한다. 역수의 함수인 $\frac{1}{x}$을 생각해보자. x가 양의 값이면서 점점 커질수록, $\frac{1}{x}$은 점점 작아진다. 따라서 $\frac{1}{x}$의 그래프는 x가 커질수록 점점 더 0으로 가까이 간다.

수학자들은 이것을 다음과 같이 나타내고, x가 무한대로 갈 때 $\frac{1}{x}$의 극한값은 0이라고 읽는다.

$$\lim_{x \to 0}\frac{1}{x} = 0$$

소수

소수는 오직 자기 자신과 1로만 나누어떨어지는 수이다. 처음 몇 개의 소수는 다음과 같다.

$$1, 2, 3, 5, 7, 11, 13, 17, 19, 23, \cdots$$

그리스 수학자 유클리드는 소수가 무한개임을 증명하였고, 또 다른 그리스 수학자 에라토스테네스는 소수를 찾아내는 방법을 개발했다. 그 방법을 에라토스테네스의 체라고 한다. 자연수를 써 내려간 후, 2의 배수, 3의 배수 순으로 차례로 지워나가는 방법이다.

에라토스테네스는 소수에 대한 업적뿐만 아니라 지구 둘레의 길이를 계산한 첫 번째 사람이다.

현재까지 출판된 가장 큰 소수는 1천3백만 자리수인데, 현대의 컴퓨터에서 누구나 내려받을 수 있는 GIMPS라는 프로그램을 사용해서 발견되었다.

완전수

완전하다는 것은 무엇인가? 수학자에게 완전수는 잘 정의된 수학적 성질을 갖추고 있는 수이다. (자기 자신 이외의)약수의 합이 자기 자신과 같은 수가 완전수이다.

예를 들어, 6을 보자. 6의 약수는 1, 2, 3, 6이다. 6을 제외한 다른 약수들을 모두 더하면 1+2+3=6이다. 따라서 6은 완전수이다.

처음 4개의 완전수는 6, 28, 496, 8128이다. 지금까지 발견된 완전수들은 모두 6 또는 8로 끝나는 수이다. 홀수인 완전수가 있는지 논쟁이 있었는데 10^{300}까지 모든 수를 확인했지만 아직 홀수인 완전수가 존재하는지 존재하지 않는지 증명하지 못했다.

오일러 수

수학에서 또 다른 중요한 수가 e 또는 스위스 수학자 레온하르트 오일러의 이름을 따서 오일러의 수이다. 이 수는 소수점 아래 다섯 번째 자리까지의 수가 2.71828인데, 무리수이므로 소수점 아래의 수가 무한히 계속된다. 수학자들은 컴퓨터를 이용해서 e를 천억 자리까지 계산했다.

좀 더 정확하게는, e는 다음과 같다.

$$e = \lim_{n \to 0}\left(1+\frac{1}{n}\right)^n$$

우변의 낯선 표현은 극한이다. 극한은 잠시 미루어두고 거듭제곱 부분을 보자. n을 2라고 하면 다음과 같다.

$$\left(1+\frac{1}{2}\right)^2$$

이를 계산기로 계산하면 2.25이다. 이제 n을 5라고 하면

$$\left(1+\frac{1}{5}\right)^5$$

으로 2.48832이다. n을 20,000이라고 하면 그 값은 2.718214
이다. 이제 비슷해보이기 시작하는가? n이 커질수록 이 값은
e로 가까이 간다. 만약 계산기에서 무한대를 누를 수 있다면 그
값은 e라고 찍힐 것이다.

TMI

황금비는 보통 그리스 문자 파이 Φ로 나타낸다. 그 값은 근사적
으로 1.618이다. 예술가와 건축가 중에는 황금비에 맞춰서 그림
을 그리거나 건축물을 지은 사람들이 있다.

괄지나곱덧뺄

다음 계산을 하면 얼마일까?

$$8 + (5 \times 4^2 + 2)$$

수학자들 사이에 괄지나곱덧뺄(BODMAS)라고 알려져 있는 약속이 있다. 괄호, 지수, 나눗셈, 곱셈, 덧셈, 뺄셈(Brackets, Orders, Division, Multiplication, Addition, Subtraction)의 첫 자를 딴 낱말이다. 이 약자는 계산하는 순서를 보여준다. 즉, 괄호를 가장 먼저 하고, 뺄셈을 가장 나중에 해야 한다(지수는 33쪽 참조).

🏔 수학적 지름길

복잡한 곱셈을 해야 할 때, 타당한 추측을 할 수 있게 도와주는 지름길이 있다. 이것을 적절히 이용하면 곱셈이 간단해진다.

$97 \times 1,014$ 는 얼마일까?

a) 13,565   b) 56,018   c) 98,358

첫 단계는 7과 4처럼 마지막 숫자를 보는 것이다. 두 수를 곱하면 28이다. 답의 마지막 숫자는 28을 더한 수가 된다. 따라서 a)는 답이 될 수 없다.

두 번째 단계는 답이 무엇이 될 것인가를 추측하는 것이다. 곱해야 하는 두 수는 97과 1,014이다. 처음 수는 100에 가깝고 둘째 수는 1,000에 가깝다. 100과 1,000을 곱하는 것은 매우 간단하며, 그 결과는 100,000이다. 이 말은 위의 계산 결과가 100,000에 가깝다는 뜻이다. c)가 이 어림값에 가깝기 때문에 아마도 이 값이 계산 결과가 될 것이다. 이제 계산기로 확인해보라.

평균

수학자와 통계학자들이 사용하는 평균이 여러 가지가 있다.

평균

평균은 더한 전체 값을 더한 값의 개수로 나눈 것으로 사람들이 '평균'이라고 말할 때는 보통 이 의미이다.

산술 평균을 이용할 때의 문제점 중 하나는 중앙의 값으로부터 벗어나는 경우가 많다는 점이다. 예를 들어, 급료의 평균은 대부분의 직원들보다는 몇 명 안되는 임원들의 급료에 의해 왜곡되기 쉽다.

중앙값

중앙값은 순서대로 나열되어 있는 값들의 가운데 값을 말한다.

최빈값

최빈값은 나열되어 있는 수들 중에 가장 여러 번 나타난 수를 말한다. 예를 들어, 교실에 있는 어린이들의 나이를 차례로 썼더니 다음과 같다고 하자.

$$6, 6, 7, 7, 7, 7, 7, 7, 8, 8, 8$$

그러면 이 수들 중에 6이나 8보다 더 여러 번 나타난 수는 7이므로 최빈값은 7이다.

기하평균

n개의 수들의 기하평균은 그 수들을 모두 곱한 값의 제곱근이다.

$$기하평균 = n\sqrt{a_1 a_2 a_3 \cdots a_n}$$

피보나치 수열

아래 수열에서 34 다음 수는 얼마일까?

$$1 \quad 1 \quad 2 \quad 3 \quad 5 \quad 8 \quad 13 \quad 21 \quad 34 \cdots$$

답은 55이다. 왜 그런지 알아보자. 수열에서 이웃한 두 수의 차를 계산하여 보자.

수열

1	1	2	3	5	8	13	21	34	...

차

	0	1	1	2	3	5	8	13	...

이웃한 두 수의 차는 (처음 0을 제외하면) 원래의 수열과 같다. 따라서 다음 수는 34에 21을 더한 수 55로 추측할 수 있다.

이 수열은 이 아이디어(인도의 수학자들 사이에서는 이미 널리 알려져 있던)를 유럽에 소개한 13세기 이탈리아의 수학자 피사의 레오나르도(피보나치로 알려진)의 이름을 따서 피보나치 수열로 알려져 있다. 이 수열은 오늘날 주식 시장 등 여러 사회 상황을 분석하는데 사용되고 있으며 놀랍게도 자연에서도 볼 수 있다.

피보나치 수열은 종종 꽃잎의 개수나 솔방울의 나선 개수에서 발견되기도 한다.

🔺 수열

등차수열로 알려진 특별한 수열이 있다. 이 수열은 각각의 수가 이전 수에 비해 어떤 정해진 수만큼 커진다(또는 작아진다).

등차수열의 합을 구할 때, 수들의 순서를 바꾸어 더하면 그 합을 빨리 구할 수 있다. 덧셈에서는 교환법칙, 즉 $a+b=b+a$가 성립한다. 이 말은 수열에서 수의 순서를 바꾸어도 그 합은 변하지 않는다는 뜻이다.

수열에서 첫째 수와 마지막 수를 더하자. 수열의 항이 몇 개인지 세어보자. 그리고 이 두 수를 곱하고 2로 나누자.

이 방법은 항이 몇 개이든, 이웃한 두 항의 차가 얼마이든 관계없이 모든 등차수열에서 성립한다.

등차수열의 합을 빨리 구하는 방법

아래 수들의 합을 얼마나 빨리 구할 수 있을까?

$$1+2+3+4+5+6+7+8+9+10=?$$

도움말 첫째 수와 마지막 수, 둘째 수와 마지막에서 둘째 수, 이와 같은 순서로 수열을 다시 배열한다. 이제 이웃한 두 개의 수끼리 더해보라.

🗻 무한급수

무한히 많은 수들을 더한다면 그 결과는 어떻게 될까? 그 결과가 무한대라고 생각할 수도 있지만 항상 그렇지는 않다.

다음 무한급수를 보자.

$$1+2+3+4+5+6+7+8+\cdots$$

합은 분명하게 무한대이다. 합이 무한대인 급수는 발산한다고 말한다. 그러나 급수 중에는 무한대로 가지 않고 특정한 수에 가까이 가는 것도 있다. 이런 급수는 수렴한다고 말한다. 수렴하는 수열의 가장 간단한 예는 아마 다음과 같은 수열일 것이다.

$$1+\frac{1}{2}+\frac{1}{4}+\frac{1}{8}+\frac{1}{16}+\frac{1}{32}+\frac{1}{64}+\cdots$$

이 급수에서는 각각의 항이 이전 항의 절반으로 줄어든다. 그 결과는 얼마일까? 수학자들은 무한히 더해나가면 결국에는 2가 된다고 증명했다.

상상으로 뜀뛰기

폭이 2미터인 모래밭에서 뛴다고 생각해보자. 처음에 절반인 1미터를 뛰었다. 그 다음에도 계속 남은 거리의 절반만 뛸 수 있다고 하자. 뛸 때마다 모래밭의 경계에 매우 가까이 가기는 하지만 항상 남은 거리의 절반만을 뛸 수 있으므로 결코 모래밭의 경계선에 도달할 수 없다. 이 이야기에 조금이라도 익숙하다면 이것이 제논의 역설(54쪽 참조)로 알려진 이야기의 원리이기 때문이다.

급수의 중요성

어떤 무한급수는 π나 e와 같은 수에 수렴하기도 한다.

$$\frac{4}{\pi} = 1 - \frac{1}{3} + \frac{1}{5} - \frac{1}{7} + \frac{1}{9} - \frac{1}{11} + \cdots$$

$$\frac{\pi^2}{12} = 1 - \frac{1}{4} + \frac{1}{9} - \frac{1}{16} + \frac{1}{25} - \frac{1}{36} + \cdots$$

$$e = 1 + \frac{1}{1!} + \frac{1}{2!} + \frac{1}{3!} + \frac{1}{4!} + \cdots$$

$$\sin x = x - \frac{x^3}{3!} + \frac{x^5}{5!} - \frac{x^7}{7!} + \cdots$$

$$\cos x = 1 - \frac{x^2}{2!} + \frac{x^4}{4!} - \frac{x^6}{6!} + \cdots$$

팩토리얼 기호 !는 1부터 그 수까지의 모든 자연수를 곱하라는 뜻이므로, $4! = 1 \times 2 \times 3 \times 4 = 24$이다. 식에서 $\sin$과 $\cos$에서 x는 라디안이다. 라디안은 육십분법 각과 마찬가지로 각의 단위이다. 원의 중심각은 2π이다. 그러므로 1라디안은 57.3도와 거의 비슷하다(이는 360도가 원의 중심각이기 때문이다).

🏔 제논의 역설

기원전 5세기의 철학자 엘레아의 제논의 업적이 아리스토텔레스와 플라톤에 의해 기록되어 있음에도 불구하고 생애 자체에 대해서는 알려진 것이 거의 없다. 제논이 수학 분야에 한 공헌은 역설-참인 것 같지만 참이 아닌 결론으로 이끌어지는 이야기-이다.

아킬레스와 거북이

제논의 가장 유명한 역설은 아리스토텔레스의 물리학에 기록되어 있다. 쫓아가는 사람은 쫓기는 사람이 있던 자리에 먼저 도착해야 한다. 때문에 가장 느린 선수라도 가장 빠른 선수보다 먼저 출발했다면 항상 조금 앞서 있게 되기 때문에 가장 빠른 선수는 자신보다 느려도 먼저 출발한 선수를 결코 따라잡을 수 없게 된다.

아킬레스가 거북이와 경주를 했다. 아킬레스는 1초에 5미터를 가고 거북이는 1초에 0.5미터를 간다고 했을 때 1초 후에 아킬레스는 5미터를 간 반면 거북이 역시 0.5미터를 이동했다.

그 다음 $\frac{1}{10}$초 동안 아킬레스는 0.5미터 이동했지만 거북이도 이미 0.05미터 이동했기 때문에 아킬레스는 거북이를 따라잡지 못한다. 그 다음 $\frac{1}{100}$초 동안 아킬레스는 0.05미터를 움직이고 거북이는 0.005미터를 움직여 여전히 아킬레스는 거북이의 뒤에 처져 있다.

신기한 결과

아킬레스가 거북이가 있던 자리에 도착하면 이미 거북이도 조금 앞으로 나아갔기 때문에 아킬레스는 결코 거북이를 따라잡지 못할 것 같아 보인다. 그러나 이는 명백히 잘못된 생각이다.

만약 100미터 경주였다면, 아킬레스는 20초 만에 완주하는 반면, 거북이는 190초 동안 95미터(5미터 앞에서 출발했으므로)를 이동하게 된다. 따라서 아킬레스가 이기리라는 것은 명백하다. 이것이 바로 역설이다.

3

기하학과 삼각비

🌀 기하학의 8역사

 점, 선, 모양, 넓이 등을 다루는 학문인 '기하학^{geometry}'은 고대 그리스의 지구를 의미하는 'geo'와 측정을 의미하는 'metrein'에서 유래되었다. 이 말의 어원은 수학이 논밭을 측량하거나 건물을 짓는 등 일상 생활의 일을 해결하는 데서 출발했음을 보여준다.

 비록 그리스 말에 기원을 두고 있지만, 기하학의 개념은 더 일찍 알려졌다. 바빌로니아인들과 수메르인들은 피타고라스의 정리라는 이름을 널리 알린 그리스 수학자들보다 더 먼저 알고 있었으며, 린드파피루스(15쪽 참조)에 기록된 계산을 보면 이집트인들은 약 3500년 전부터 기하학을 사용했음을 알 수 있다.

유클리드

기하학의 초기 지식 중 많은 부분이 고
대 철학자인 유클리드의 업적에
유래한다. 유클리드는 기원전
325~265년에 살았고 이집트의
알렉산드리아에서 가르쳤다. 그
의 주요 업적은 13권에 이르는
《원론》이라는 책이다. 원론에는
초기 수학자들의 기하학적 정리
에 대한 증명과 이후의 수학자들
이 덧붙인 증명이 실려 있다.

예일대학교에 보관되어 있는 바빌로니
아의 점토판 YBC7289는 바빌로니아
인들이 피타고라스의 정리를 알고 있었
다는 증거이다.

기원전 800년경 살았던 인도의 수학자 보타야나는 제단을 어떻
게 만들어야 하는지 자세한 설명이 실려 있는 술바 수트라의 저자
이기도 하다. 이 책도 고대 인도 역시 피타고라스의 정리를 알고
있었음을 보여준다.

초기 라틴어로 쓰인 유클리드의 원론에서 여자가 기하학을 가르치고 있는 장면.

🔵 기하학의 기초

점

기하학의 기초 개념 중 하나로, 점은 특별한 위치를 나타낸다. 점은 크기는 없고 우주 어디에도 존재할 수 있다.

점

직선, 교점, 면

자를 대고 한 점에서 또 다른 점으로 두 점을 연결하는 선을 그은 것이 선분이다. 선분의 양끝을 양쪽 방향으로 끝없이 확장한 것을 직선이라고 한다.

직선

두 직선이 만나는 점을 교점이라고 한다. 두 직선이 결코 만나지 않으면 평행하다고 한다.

교점

한 손에 평평한 종이를 들고 모든 방향으로 끝없이 확장(구김없이)한다고 상상해보자. 이 무한히 크고 평평한 표면을 평면이라고 한다.

평행선

넓이

종이 위에 서로 만나는 선분을 그려서 닫힌 모양을 만들면 이 모양에 대한 넓이라는 개념을 사용할 수 있다. 넓이는 보통 제곱피트, 제곱마일, 제곱미터와 같이 단위가 제곱이 된다. 넓이의 개념은 이차원을 넘어 구나 뿔과 같은 입체도형의 겉면에도 적용한다.

부피

부피 개념은 입체도형에서 여러 개의 면으로 막힌 공간의 양을 설명하기 위해서 도입되었다. 보통 세제곱으로 표현된다.

〰️ 각

각^{angle}은 모서리를 의미하는 라틴어 angulus에서 유래했다. 각은 그림에서 그리스 문자 세타(θ)로 표현된 것처럼 두 직선 사이의 회전한 양을 나타낸다. 두 직선이 만나는 점을 각의 꼭짓점이라고 한다.

각의 크기는 호 s의 길이를 반지름 r로 나눈

값에 비례한다.

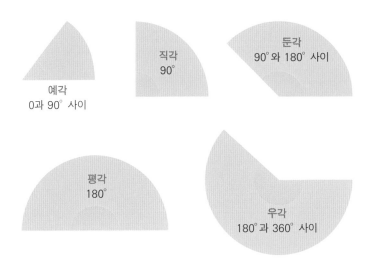

각은 보통 도(기호 °)로 측정되며 원 전체는 360°이다. 위의 그림에서와 같이 360°가 될 때까지 호의 길이가 길어질수록 각의 크기도 점점 커진다.

위의 그림에서와 같이 각의 크기에 따라 특별한 이름이 있다.

보각과 여각

아래 그림과 같이 두 각을 더해서 $90°$가 되는 각은 여각, $180°$되는 각은 보각이라고 한다.

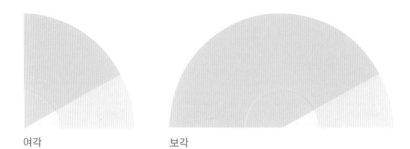

여각   보각

라디안은 호의 길이와 반지름의 길이가 같은 부채꼴 모양의 각을 말한다. 원의 중심각은 π의 두 배이므로 1라디안은 약 $57.3°$이다. 라디안은 원과 구에 관련된 식을 간단히 표현하기 위해서 물리학, 천문학 등에서 자주 사용된다.

🌸 정사각형과 직사각형

간단한 도형으로 생각할 수 있는 것이 정사각형과 직사각형이다. 이 도형들은 네 개의 변으로 둘러싸인 사각형(사각형 quadrilateral이라는 말은 라틴어의 4를 뜻하는 quadri-와 변을 뜻하는 latus에서 온 말이다) 중에 가장 고전적인 것들이다.

직사각형과 정사각형은 내각이 모두 직각인 사각형이다. 그 결과 대변과 서로 평행하다.

정사각형은 네 변의 길이가 모두 같은 반면 직사각형은 마주보는 대변의 길이가 같다.

넓이 계산

가로, 세로의 길이가 모두 1cm인 정사각형 모양의 종이를 갖고 있다고 하자. 두 변의 길이가 3cm, 4cm인 직사각형을 그려보자.

한 변의 길이가 1cm인 정사각형의 넓이는 1제곱센티미터이다. 따라서 직사각형에는 12개의 정사각형이 있어 직사각형의 넓이는 12제곱센티미터이다. 12는 3×4이므로 직사각형이나 정사각형의 넓이는 가로와 세로의 길이를 곱하면 된다.

차원

간단히 말해서, 차원은 특정한 방향으로 측정할 수 있는 규모를 말한다. 예를 들어 직선은 일차원(길이)이고 이 책과 같은 입체는 삼차원(가로, 세로, 높이)이다.

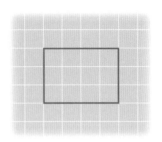

💠 삼각형

종이 위의 세 점을 직선으로 이으면 삼각형이 된다. 세 점의 위치에 따라 삼각형의 모양이 달라지지만, 모든 삼각형에서 세 내각의 크기의 합은 항상 $180°$이다.

종이를 삼각형 모양으로 오린 후, 꼭짓점 부근의 종이를 잘라서 자 위에 올려 놓으면 이 사실을 확인할 수 있다. 이 사실을 이

용하면 두 내각의 크기만 알아도 남은 다른 각의 크기를 알 수 있어 매우 유용하다.

삼각형의 종류

삼각형은 세 변의 길이에 따라 아래 표와 같이 분류할 수 있다 (각의 크기에 따라 나누면 직각삼각형—한 각의 크기가 직각—으로 구분할 수 있다).

삼각형의 종류	모양	설명
부등변삼각형		세 변의 길이가 모두 다르다. 각의 크기도 모두 다르다.
이등변삼각형 참고 짧은 선분은 두 변의 길이가 같음을 나타낸다.		두 변의 길이가 같다. 두 각의 크기도 같다.
정삼각형		세 변의 길이가 모두 같고 세 각의 크기도 모두 $60°$로 같다.

피타고라스의 정리

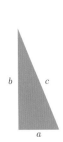
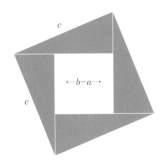

그리스의 수학자 피타고라스는 삼각형의 세 변의 길이에 관한 그의 이름을 딴 정리로 유명하다(이 정리는 그 이전부터 알려져 있었다). 피타고라스의 정리는 오직 직각삼각형에서만 성립하는데, 짧은 변의 길이의 제곱의 합이 가장 긴 변의 길이의 제곱과 같다는 것이다.

짧은 두 변의 길이가 3cm와 4cm이면 $3^2=9$이고 $4^2=16$이므로 두 수를 더하면 25이다. 피타고라스는 우리에게 가장 긴 변의 길이의 제곱이 25, 즉 5^2과 같으므로 가장 긴 변의 길이는 5cm임을 말해준다.

증명하기

위의 파란색 삼각형의 넓이는 a와 b의 곱을 2로 나눈 값이다. 가운데 있는 흰 정사각형의 한 변의 길이는 b에서 a를 뺀 값이다. 그러므로 오른쪽 그림의 넓이는 파란색 삼각형 4개와 흰 정사각형의 넓이를 더한 것으로 다음과 같다.

$$4 \times \frac{a \times b}{2} + (b-a)(b-a)$$

이 식은 다음과 같이 간단히 정리할 수 있다.

$$2ab + b^2 - 2ab + a^2$$

즉, $a^2 + b^2$

그런데 큰 정사각형(네 개의 파란색 삼각형과 한 개의 흰 정사각형을 합친 것)의 한 변의 길이는 c이고, c와 c의 곱은 c^2이므로

$$c^2 = a^2 + b^2 \text{ 이다.}$$

이것이 피타고라스의 정리를 나타내는 식이다. 수학에서 문자로 수를 대신하는 분야를 대수(4장 참조)라고 한다. 우리가 여기에서 한 일은 피타고라스의 정리가 변의 길이에 상관없이 성립한다는 것이다. 이런 과정을 수학적 증명이라고 한다(4장 참조).

그레고르 라쉬의 산술에 관한 우화(1504)에 주판을 든 피타고라스와 아라비아 숫자와 수학적 기호를 사용하는 로마의 철학자 안키오스 보이티우스가 등장한다.

직각삼각형의 넓이에 관한 간단한 식이 있다. 짧은 변 두 개의 길이를 곱하고 2로 나누면 된다. 만약 짧은 변의 길이가 3cm, 4cm인 직각삼각형이 있다면, 그 넓이는 $3 \times 4 = 12$를 2로 나눈 값 $6m^2$이다.

🔷 삼각비

삼각비는 수천 년 동안 진행되어온 삼각형에 대한 수학적 연구이다. 린드파피루스(14쪽 참조)에 언급되어 있기 때문에 이집트인들이 피라미드를 지을 때 삼각비를 알고 있었음은 확실하다. 그러나 이집트인들보다 훨씬 더 먼저 바빌로니아인들이 삼각비에 대해 알고 있었다고 보인다.

삼각형 용어

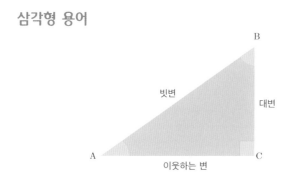

삼각형의 꼭짓점에는 보통 A, B, C와 같이 알파벳 대문자로 이름을 붙이는데, 그 꼭짓점에서의 내각도 같은 이름으로 부르기도 한다.

이제 삼각형 ABC에 대해서 알아보자. 직각삼각형에서, 가장 긴 변을 빗변이라고 한다. 삼각비를 이용할 때, 삼각형의 한 내각을 알고 있다. 그 각의 옆으로 이어진 변을 이웃하는 변, 남은 한 변을 대변이라고 한다. 61쪽 아래 그림은 각 A를 알고 있다고 전제하고 변의 이름을 말한 것이다.

🐚 사인, 코사인, 탄젠트

다음 두 삼각형을 보자.

두 번째는 첫 번째 삼각형을 간단히 두 배로 확대한 것이다. 각

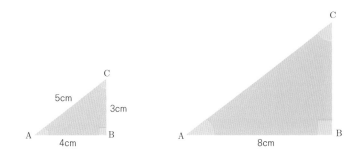

변의 길이는 두 배로 늘어나는 반면, 각은 크기가 변하지 않는다. 그렇다면 빗변과 대변의 길이는 얼마일까? 만약 10cm, 6cm라고 추측했다면, 맞다. 여기서 재미있는 것은 각 변의 길이의 비도 변하지 않는다는 것이다.

정의

사실, 모든 닮은 삼각형에서는 각의 크기가 변하지 않는다. 특별한 각에 대해서 상수로 고정되는 값들을 사인, 코사인, 탄젠트라고 부른다. 그리고 다음과 같이 정의한다.

$$\text{각 A의 사인} = \sin A = \frac{\text{대변}}{\text{빗변}}$$

$$\text{각 A의 코사인} = \cos A = \frac{\text{이웃하는 변}}{\text{빗변}}$$

$$\text{각 A의 탄젠트} = \tan A = \frac{\text{대변}}{\text{이웃하는 변}}$$

한 각의 크기와 한 변의 길이를 안다면, 위의 식을 사용하여 나머지 모든 변의 길이를 계산할 수 있다. 사인, 코사인, 탄젠트를 기억하기 위해 사대빗 - 코이빗 - 탄대라고 외울 수도 있다. 사는 사인, 코는 코사인, 탄은 탄젠트, 대는 대변, 빗은 빗변, 이는 이웃하는 변을 말한다.

사인, 코사인, 탄젠트의 값

0	0°	30°	45°	60°	90°
sin	0	0.5	0.707	0.866	1
cos	1	0.866	0.707	0.5	0
tan	0	0.577	1	1.732	∞

0도와 360도 사이에서 사인과 코사인의 그래프는 오목한 부분과 볼록한 부분이 있는 부드러운 곡선인 반면, 탄젠트의 그래프는 상당히 낯설다. 탄젠트의 그래프는 90°, 270°에 가까이 갈수록 무한대를 향해 질주한다. 이 그래프들은 360°보다 큰 각에 대해서는 주기적으로 반복된다.

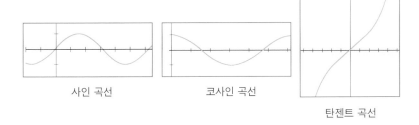

사인 곡선   코사인 곡선

탄젠트 곡선

사인과 코사인의 그래프가 비슷하다는 것을 알아차렸는가? 사실, 90° 만큼 평행이동하면 두 그래프는 완전히 포개어진다.

삼각방정식

대변의 길이가 5.77cm이고 이웃하는 변의 길이가 10cm인 직각삼각형이 있다. 이웃하는 변과 빗변 사이의 각은 몇 도일까? 삼각형에서 어떤 각의 크기를 알면, 대변과 빗변 사이의 각을 구할 수 있을까?

그 밖의 삼각함수와 삼각방정식

좀 더 드물게 등장하는 삼각함수는 사인, 코사인, 탄젠트의 역수로 된 함수이다. 이것을 각각 시컨트(sec), 코시컨트(cosec), 코탄젠트(cot)라고 한다.

역수인 함수	약자	계산
각 A의 시컨트	= sec A	$= \dfrac{\text{빗변}}{\text{이웃하는 변}}$
각 A의 코시컨트	= cosec A	$= \dfrac{\text{빗변}}{\text{대변}}$
각 A의 코탄젠트	= cot A	$= \dfrac{\text{이웃하는 변}}{\text{대변}}$

삼각함수를 제곱한 형태는 A^2의 사인 또는 코사인과 혼란을 피하기 위해서 조금 특별한 모양으로 나타낸다.

$$\sin^2 A = \sin A \times \sin A$$
$$\cos^2 A = \cos A \times \cos A$$

practice

삼각항등식

두 각 a=30°, b=45°를 생각하자. 이전에 배운 삼각함수의 값과 삼각함수 사이에 성립하는 관계식을 이용하여

$\sin 15°$, $\cos 15°$, $\sin 75°$, $\cos 75°$를 구할 수 있을까?

🔷 삼각항등식

피타고라스의 정리는 삼각형에서 빗변의 길이가 c, 이웃하는 변의 길이가 a, 대변의 길이가 b일 때,

$$a^2 + b^2 + = c^2 \qquad \text{(식 1)}$$

임을 말한다.

사대빗 - 코이빗 - 탄대이에 의하면 (오른쪽 그림)

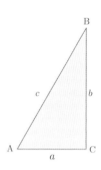

$$\sin A = \frac{b}{c}, \quad \cos A = \frac{a}{c}$$

이다. 양변을 제곱하면

$$\sin^2 A = \frac{b^2}{c^2}, \quad \cos^2 A = \frac{a^2}{c^2}$$

으로 양변에 c^2을 곱하면 다음 식을 얻는다.

$$c^2 \sin^2 A = b^2 \qquad \text{(식 2)}$$

$$c^2 \cos^2 A = a^2 \qquad \text{(식 3)}$$

식 1, 2, 3을 합치면

$$c^2 \sin^2 A + c^2 \cos^2 A = a^2 + b^2 = c^2$$

양변을 c^2으로 나누면 다음 식을 얻는다.

$$\sin^2 A + \cos^2 A = 1$$

이것을 피타고라스의 식이라고도 하는데, 복잡한 삼각방정식을 간단히 하는 데 유용하다. 각 A가 임의의 각이므로 이 항등식은 모든 각 A에 대해서 성립한다.

에펠탑은 얼마나 높을까?

프랑스 파리에 있는 에펠탑의 높이가 궁금하다면? 높이를 구하는 방법은 다음과 같다. 탑 아래 중앙 부분에서 173미터 떨어진 곳에서 탑 꼭대기를 올려다본 각이 60°라고 하자. 여기서 올려다본 위치와 탑의 꼭대기를 직각삼각형의 두 꼭짓점으로 하고, 탑의 아래 중앙을 직각으로 하는 직각삼각형을 떠올린다. 서 있는 곳의 각을 A, 탑 꼭대기의 각을 C, 직각을 B라고 하면 아래와 같은 식을 얻는다.

$$BC = \tan 60° \times AB$$

탑의 높이(BC의 길이)를 구하기 위하여 계산을 하면

$$BC = 1.73 \times 173$$

$$BC = 299.29$$

에펠탑의 높이는 약 300미터이다.

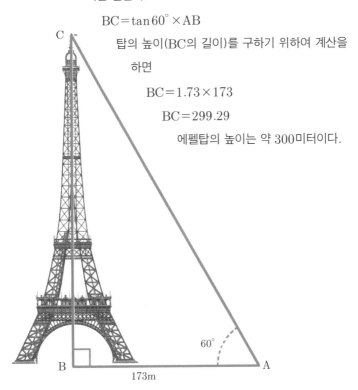

원

원의 중심에서부터 원까지의 거리를 반지름이라고 한다. 지름은 반지름의 두 배이고 원주는 원 둘레의 길이를 말한다. 원주율(π)은 원주를 지름으로 나눈 값이다. 반지름의 길이가 r인 원에서 원주는 $2\pi r$이고 넓이는 πr^2이다.

원의 요소

원의 다른 요소로는 호, 현, 부채꼴, 활꼴 등이 있다. 호는 79쪽 그림의 파란색 부분처럼 원주의 연속된 일부를 말한다. 호의 길이는 아래의 식에서와 같이 원주의 길이와 두 반지름 사이의 각과 밀접한 관련이 있다.

$$\frac{\theta}{360°} = \frac{\text{호의 길이}}{\text{원주}}$$

또 아마도 열호와 우호에 대해서 들어본 적이 있을 것이다. 72쪽 그림에서 열호는 파란색, 나머지 부분이 우호이다. 호에서 반지름과 만나는 선분을 현이라고 한다. 현과 열호 사이 영역을 활꼴, 두 반지름 사이 영역을 부채꼴이라고 한다.

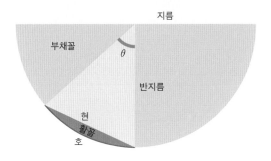

지름

부채꼴

θ

반지름

현

활꼴

호

정다각형의 한 내각의 크기는 다음과 같다.

$$\frac{180° \times n - 360°}{n}(n은\ 변의\ 개수)$$

🔸 그 밖의 사각형

우리가 볼 수 있는 또 다른 사각형으로는 평행사변형과 마름모가 있다. 평행사변형의 대변은 평행하며 길이도 같다. 그러나 모든 변의 길이가 같지는 않다. 그중 네 변의 길이가 같은 평행사변형을 마름모라고 한다.

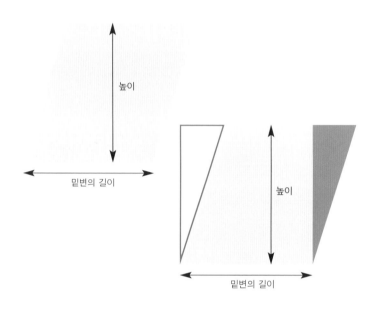

평행사변형의 넓이는 밑변의 길이와 높이를 구한 값이다. 그림에서와 같이 종이로 평행사변형을 만든 후, 파란색 부분을 잘라 반대편에 놓으면 그 이유를 알 수 있다. 파란색 조각이 반대편의 파란색 테두리로 그은 영역에 딱 맞아 직사각형이 만들어지고, 직사각형의 넓이는 가로와 세로를 곱한 값이기 때문이다.

🔹 다각형

정사각형, 평행사변형, 삼각형과 같이 이미 언급한 모든 이차원 도형은 다각형이다. 다각형은 선분으로 둘러싸인 모양인데 그중 정다각형은 모든 변의 길이와 모든 각의 크기가 같다.

정다각형

정다각형	변의 개수	한 내각의 크기	정다각형	변의 개수	한 내각의 크기
정오각형	5	108°	정팔각형	8	135°
정육각형	6	120°	정십각형	10	144°
정칠각형	7	128°	정십이각형	12	150°

🔷 삼차원 도형

  지금까지는 이차원(평면이라고도 한다.) 도형에 대해서 알아보았
는데, 이제 삼차원으로 주의를 돌려보자.

정육면체와 직육면체

  정육면체-6개의 정사각형 면이
있고 각각의 면이 꼭짓점에서 다
른 두 면과 만나는 삼차원 도형부
터 시작하자. 직육면체는 정육면
체와 비슷한데, 각 면이 정사각형
이 아니라 직사각형이다.

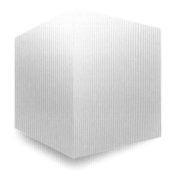

  삼차원 도형에서는 도형에 의해 둘러
싸인 영역의 양인 부피를 구하는 방법에 관심을 가진다. 첫째 단
계는 측정의 단위를 정의하는 것이다. 크기가 $1\text{cm} \times 1\text{cm} \times 1\text{cm}$
인 정육면체의 부피는 세제곱센티미터 또는 1cm^3라고 한다.

  크기가 $10\text{cm} \times 10\text{cm} \times 10\text{cm}$인 버터를 부피가 1cm^3가 되도록
정육면체 모양으로 잘게 자른다고 하자. 잘라진 조각의 개수를
세면 1,000개가 될 것이다. 이 수는 $10 \times 10 \times 10$과 같다.

  직육면체의 세 모서리의 길이를 l, w, h라고 하면 사실, 정

육면체를 포함해서 직육면체의 부피는 가로, 세로, 높이의 곱이다. 즉,

$$직육면체의\ 겉넓이 = l \times w \times h$$

따라서 크기가 $10 \times 20 \times 30 \text{cm}$인 직육면체의 부피는 6,000세제곱센티미터 또는 $6{,}000 \text{cm}^3$이다.

삼차원 도형에서 측정하는 또 다른 것으로는 겉넓이가 있다. 세 모서리의 길이가 l, w, h인 직육면체에는 여섯 개의 면이 있다. 직사각형의 넓이는 가로, 세로 두 변의 길이의 곱임을 알고 있으므로 직육면체의 겉넓이는 다음과 같다.

$$직육면체의\ 겉넓이 = 2 \times (lw + lh + hw)$$

한 모서리의 길이가 a인 정육면체의 부피와 겉넓이는 다음과 같다.

$$정육면체의\ 부피 = a^3$$
$$정육면체의\ 겉넓이 = 6a^2$$

구

구는 원의 삼차원 확장이라고 할 수 있으며 중심으로부터 거리가 일정한 면의 집합으로 정의한다. 원이나 구에서의 일정한 거리를 반지름이라고 하고 보통 r로 나타낸다.

구의 부피와 겉넓이는 다음과 같다.

$$구의 부피 = \frac{4\pi r^3}{3}$$

$$구의 겉넓이 = 4\pi r^2$$

practice

직육면체의 겉넓이와 부피

조카에게 주려고 27개의 블록을 샀다. 각각의 크기는 7cm×3cm×2cm이다. 블록은 한 층에 3×3 모양으로 9개씩 딱 맞게 상자 안에 들어 있다. 그렇다면 블록 한 개의 부피는 얼마일까?
상자의 두께를 무시할 때, 상자의 부피를 구해보아라. 이 상자를 선물 포장할 때 가장 작은 포장지의 겉넓이는 얼마일까?

뿔, 기둥, 원기둥

 수학자들은 또 다른 중요한 삼차원 입체도형을 관찰했는데 이 것들의 부피와 겉넓이는 다음과 같다.

구분	형태	면	부피	겉넓이
뿔		5개 (밑면인 정사각형의 한 변의 길이는 a, 옆면인 삼각형의 높이는 s, 뿔의 높이 h)	$\frac{1}{3}a^2h$	$2as+a^2$
기둥		경우에 따라 다르다. 기둥은 단면(넓이 A)의 모양이 합동이다. 높이는 l.	Al	밑면의 모양에 따라 다르다.
원기둥		3개 (밑면인 원의 반지름은 r, 높이는 h)	πr^2h	$2\pi rh+2\pi r^2$
원뿔		2개 (밑면인 원의 반지름은 r, 밑면의 둘레의 길이는 s)	$\frac{1}{3}\pi r^2h$	$\pi rs+\pi r^2$

다면체

아래 그림과 같이 면의 개수가 많은 정다면체가 있다. 평면과 선분으로 만들어진 입체도형을 다면체라고 한다.

 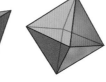

정사면체	정팔면체	정십이면체	정십이면체
4개의 정삼각형 면	8개의 정삼각형 면	12개의 정오각형 면	20개의 정삼각형 면

 원뿔

고대 그리스인들은 원뿔에 매료되었다. 기원전 400년 즈음, 플라톤과 그의 제자들은 원뿔의 성질에 대해서 연구했다고 알려져 있다. 유클리드(59쪽 참조)도 원뿔의 기하학에 대한 권위자이다. 직접 확인할 수는 없지만 다른 책들의 기록에 따르면, 유클리드는 원뿔에 관한 책을 4권 썼다.

원뿔의 단면

기원전 262~190년 사이에 살았던, 원뿔에 대한 위대한 업적을 남긴 수학자는 페르가의 아폴로니우스이다.

아폴로니우스의 가장 큰 업적은 원뿔을 다른 방향에서 잘랐을 때 얻을 수 있는 원뿔의 단면에 관한 것이다. 원뿔은 자르는 각도에 따라 아래 그림과 같은 여러 종류의 곡선이 생긴다.

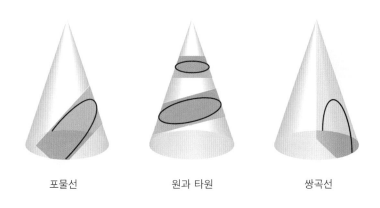

| 포물선 | 원과 타원 | 쌍곡선 |

🔹 타원

타원은 찌그러진 원 또는 계란형이라고 할 수 있는데, 타원의 수학적 정의의 의미는 이보다 더 깊다. 타원은 두 정점(초점이라고 한다)에서부터의 거리의 합이 일정한 점의 자취로 만들어지는 곡선이다.

아래 그림에서 F1, F2로 이름 붙여진 두 빨간색 점이 초점
이다.

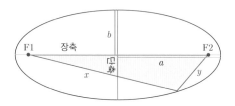

장축과 단축

두 초점 F1, F2를 지나는 직선과 만나는 타원의 교점 사이의
거리를 장축, 타원의 중심을 지나는 직선과 타원의 위, 아래 교점
사이의 거리를 단축이라고 한다.

이 정의에서 타원 위의 점에서 두 초점까지의 거리의 합(그림에
서 $x+y$)은 일정하다. 이에 따라 다음 식이 성립한다.

장축: $2a = x + y$

장축과 같이 단축의 길이도 계산할 수 있다. F1과 F2 사이의
거리를 f라고 하면

단축: $2b = \sqrt{(x+y)^2 - f^2}$

타원이 찌그러진 정도는 이심률 e로 나타내는데 다음과 같다.

$$\sqrt{\frac{a^2-b^2}{a^2}}$$

타원에서 더 알아야 하는 것은 넓이와 둘레의 길이이다. 넓이는 다음과 같다.

$$\text{타원의 넓이} = \pi ab$$

타원의 둘레의 길이는 계산하기 매우 어려우며 무한급수를 사용해야 한다.

그러나 다음과 같은 식으로 근삿값을 구할 수 있다.

$$p \approx 2\pi\sqrt{\frac{a^2-b^2}{a^2}}$$

행성의 궤도

모든 행성의 궤도는 타원 모양이다. 그러나 이 궤도들은 1609년 케플러가 발견할 때까지는 원이라고 생각할 정도로 원보다 아주 살짝 찌그러진 정도이다. 케플러는 행성이 오랫동안 당연하게 여겨진 것처럼 원 궤도를 그리지 않고 두 초점 중 한 곳에 태양이 있는 타원 궤도를 그린다는 것을 밝혔다.

타원에 대한 연구가 천문학에서 널리 사용되었다.

아이작 뉴턴 경은 궤도가 원뿔곡선 중 어느 것이든 될 수 있다
는 데에까지 나아갔다. 또 몇몇 혜성처럼 포물선이나 쌍곡선 궤
도를 따르는 것들은 태양을 한 번 지나치면서 태양계를 떠나버
린다.

포물선

포물선은 주어진 한 점(초점)과 직선(준선)으로부터 같은 거리
에 놓인 점들로 이루어진 곡선이다.

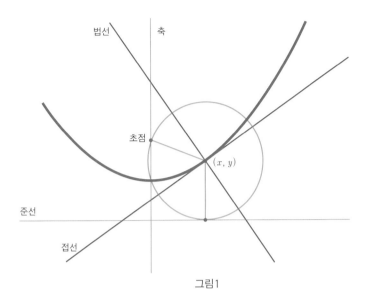

그림1

그림 1에서 두 파란색 선분의 길이는 점 $(x,\ y)$가 곡선 위의 어느 점으로 이동하더라도 항상 같다.

포물선의 표준방정식은 다음과 같은 꼴이다.

$$y = ax^2 + bc + c$$

그러므로 함수 $y = x^2$의 그래프는 매우 간단한 포물선이다. 그리고 태양 주위를 도는 혜성은 포물선 궤도를 그린다.

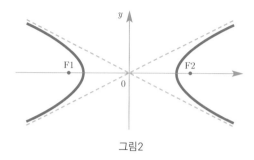

그림2

쌍곡선

쌍곡선은 거울이미지인 두 곡선이다. 수학적으로는 두 초점(그림에서 F1, F2)까지의 거리의 차가 일정한 점의 모임이다.

그림 2에서 점선은 점근선이라고 하는데, 곡선과 무한히 가까워지지만 결코 만나지는 않는 직선이다.

쌍곡선은 아래와 같은 방정식으로 표현된다.

$$\frac{x^2}{a^2} - \frac{y^2}{b^2} = 1 \ (a,\ b는\ 두\ 초점\ 사이의\ 거리와\ 관계\ 있다)$$

포물선은 매일매일의 생활에서 사용하고 있다. 차의 브레이크 등이나 헤드라이트는 보통 포물선 모양을 이용한다. 전등은 포물선의 초점 위치에 놓는다. 이렇게 하면 빛이 전등에서 나와 반사면에서 반사된 후, 평행하게 나아가게 된다.

🔷 좌표

좌표는 점과 도형의 상대적인 위치를 정의한다. 아래의 그림에서 두 직선 – 세로축(y축)과 가로축(x축) – 은 서로 직각이다. 그리고 두 직선의 교점이 원점이다. 두 직선 위에는 양쪽 방향으로 수를 대응시킨다.

위치 나타내기

오른쪽 그림에서 빨간 점을 보자. 빨간 점에서부터 y축으로, 그 다음에는 x축으로 손가락으로 따라가 보면 이 점의 x좌표는 6, y좌표는 8이다.

좌표는 보통 괄호 안에 쓰는데, x좌표를 먼저 쓰고 쉼표를 찍은 후 y좌표를 쓴다. 이 경우에는 $(6, 8)$과 같이 쓰면 된다.

파란 점의 좌표는 $(9, 5)$이다.

$$1 \quad 2 \quad 3 \quad 4 \quad 5 \quad 6 \quad 7 \quad 8 \quad 9 \qquad x$$

🖤 스칼라와 벡터

수학 용어로, 크기만 갖는 양을 스칼라, 크기와 방향을 갖는 양을 벡터라고 한다. 93쪽 파란 점과 빨간 점 사이의 화살표는 벡터를 나타낸다. 화살표는 특정한 방향을 나타내며 화살표의 길이는 벡터의 크기를 보여준다.

속도와 속력

이것은 스칼라와 벡터의 차이를 보여주는 훌륭한 그림이다. 언어로서, 속도와 속력은 거의 구별되지 않는다. 그러나 수학자들은 좀 다르다.

차가 북쪽을 향해서 시속 60마일로 고속도로를 가고 있다고 생각하자. 수학자들은 차의 속력이 시속 60마일이라고 말할 것이다. 이것은 스칼라이다. 북쪽을 향한 속도가 시속 60마일이라고 설명하고자 한다면 이 값은 크기와 방향 모두 있으므로 벡터이다.

🔹 대칭

대칭에 의한 어떤 개체의 조화로운 모습은 수학적 연산인 반사, 이동, 회전에 의한 것이다. 담장, 벽지, 카펫 등에서 보는 반복적인 문양은 하나의 이미지가 평행이동되거나 여러 번 반복되는 수학적 연산에 의한 것이다.

이 반복적인 패턴은 하나의 대칭적인 이미지가 반복적으로 평행이동되어 만들어졌다.

리 군

19세기 노르웨이의 수학자 소푸스 리(리 대수로 유명하다)에 의해 도입된 리 군은 수학적 관점에서 대칭을 이해

리 군 E8을 나타내는 그림. 이 복잡성은 100여 년 동안 풀리지 않고 있다.

하는 데 유용하다.

삼차원에서 구와 같이 대칭인 모든 도형은 리 군(수와 수의 연산)으로 표현될 수 있다.

그러나 수학자들은 삼차원에 머무르지 않았다. 18명의 국제 수학자들이 모여 248차원 대칭인 리 군 E8의 구조를 밝혔다. E8의 구조를 말해주는 모든 식을 써내려간다면, 맨해탄을 덮을 만큼의 종이가 필요할 것이다.*

🔹 위상수학

위상수학은 스위스의 수학자 레온하르트 오일러가 쾨니히스베르크의 일곱 개의 다리로 알려진 문제에 관한 논문을 써낸 18세기부터 널리 알려지기 시작했다.

쾨니히스베르크 시는 강이 갈리지는 곳에 있는 두 개의 섬을

---

* (옮긴이 주)구나 원기둥은 우리에게 익숙한 삼차원 대칭 도형이지만 E8은 248개의 차원이 들어 있는 엄청나게 복잡한 기하학적 도형이다. 2007년 3월 MIT의 데이비드 보건 교수는 'E8을 구성하는 문자표 : 우리는 어떻게 $453,060 \times 453,060$ 행렬을 풀고 행복을 발견했나'라는 제목의 강연을 통해서 이 문제의 해법을 발표했다. E8 문제의 해법은 자연의 궁극적인 대칭 구조를 밝히는 이론을 시험할 수 있다는 점에서 물리학 측면에서도 중요한 진전이며, 이로써 우주의 구조를 밝히는 끈 이론과 같이 사차원 이상의 물리학과 수학 분야에 진전이 있을 것으로 예상된다.

포함해서 강 양쪽에 놓여 있다. 이 섬들과 강 저편의 땅 사이에는 일곱 개의 다리가 있는데 도전 문제는 각각의 다리를 한번씩만 지나서 원래의 자리로 돌아오는 방법을 찾는 것이다. A지점에서 출발했다면 일곱 개의 다리를 모두 한 번씩만 지나면서 다시 돌아올 수 있을까?

풀리지 않는 퍼즐

모든 다리를 오직 한 번씩만 건너면서 다시 제자리로 돌아오는 것이 불가능한 것처럼 이 문제는 풀리지 않았다. 오일러는 땅은 점으로(꼭짓점), 다리는 선으로(모서리) 바꿔서 그래프로 간단히 나타내어 이 문제가 불가능함을 보였다.

　수학자들에게는, 위상수학은 복잡한 상황이 어떻게 간단하게 그래프로 나타내어질 수 있는지를 연구하는 분야이다. 기본적으로는, 그래프의 일반적인 모양은 중요하지 않고, 꼭짓점과 변이 각각 어떻게 만나는지만 중요하다.

4

필수적인 대수

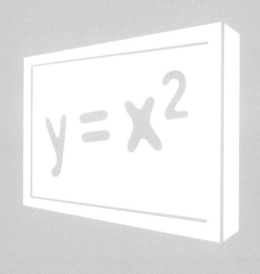

🖥 기호의 사용

대수의 핵심은 방정식에서 수를 기호로, 보통은 알파벳 문자로 대신 사용한다는 것이다. 이 덕분에 수에 대한 일반적인 규칙을 식으로 만들고 미지의 양을 다룰 수 있게 되었다.

변수와 상수

간단한 식 $y=x+2$를 보자. 이 식에서 문자 x와 y는 어느 값이나 될 수 있기 때문에 변수라고 부른다. 예를 들어, $x=2$이면 $y=4$이고, $x=5$이면 $y=7$이 된다. 이런 식으로 x를 정하면 y값도 정해진다.

상수는 정해진 수를 말한다. 위 식에서 2는 상수이다. 그러나 상수도 문자로 나타낼 수 있다. 예로 $y = ax^2 + bx + c$와 같은 식에서 a, b, c 같은 문자로 상수를 나타내었다.

$y = ax^2 + bx + c$, 즉 ax^2, bx, c와 같이 상수와 변수를 포함하는 여러 개의 항의 합을 다항식이라고 한다.

📺 대수의 기원

'algebra'라는 말은 아리비아의 'al-jabr'에서 유래했다. 이 말의 정확한 뜻은 불분명하지만 '재결합'이라는 사람도 있고 '완성'이라는 사람도 있다. 하지만 '균형'으로 번역하는 것이 더 낫다는 사람도 있다.

이름이 뭐 대수인가?

대수라는 말은 페르시아의 수학자 무하마드 이븐 무사 알-콰리즈미가 쓴 《Hisabal-jabr w'al-muqabala》라는 책에서 처음으로 등장했다. 이 책의 제목은 균형과 대립에 의하여 계산하는 책이라는 정도의 뜻으로, 820년 즈음에 출판되었으며 대수적

표현의 다양한 형태를 어떻게 다루
어야 하는지를 연구한 책이다.

알콰리즈미에 의해서 대수라는
말이 생겼지만 그는 변수를 나타내
기 위해서 문자를 사용하지는 않았
다. 문자 대신, x^2을 나타낼 때는
'제곱', $5x$와 같은 항을 나타낼 때는
'근', 어떤 미지의 대상을 나타낼 때
는 '것'이라는 낱말을 사용했다. 어
떤 학자들은 알콰리즈미의 업적이

1983년 발행된 알-콰리즈미의
1200주년 탄생 기념 우표

스페인어로 번역될 때, '것[shay]'이 'xay'로 옮겨졌는데 이것이 우
리가 미지의 대상을 x로 사용하게 된 유래라고 주장한다.

초기 저작

사실 대수 개념 자체는 이 시기 이전에 알려져 있었다. 린드파
피루스(15쪽 참조)에 의하면 이집트인들은 일차방정식에 대해서
알고 있었다. 구장산술(16쪽 참조)에는 방정이라고 부르는, 수막
대를 이용해서 연립방정식을 푸는 방법이 실려 있다.

피타고라스의 정리(68쪽)는 알콰리즈미가 그의 책을 쓰기 전에 이미 잘 알려져 있던 대수적 표현이다. 그렇지만 다른 대수적인 아이디어처럼, 피타고라스의 정리도 기하학적인 관점에서 다루어 졌다.

그래프

그래프-식을 그림으로 표현-은 식이 무엇을 의미하는지 눈으로 볼 수 있는 아주 좋은 방법이다.

x, y좌표를 사용해 한 점을 원점과 비교하여 정의할 수 있다(93쪽 참조).

녹색 선

식 $y=x^2+1$의 그래프이다. 이를 확인하기 위해서는 x로 1을 선택한 후, 제곱하고 1을 더하면 2가된다. 따라서 $x=1$일 때, $x^2+1=2$이다. 그래프에서는 $x=1$, $y=2$인 점으로 나타난다.

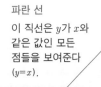

파란 선

이 직선은 y가 x와 같은 값인 모든 점들을 보여준다 $(y=x)$.

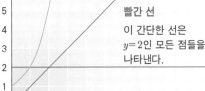

빨간 선

이 간단한 선은 $y=2$인 모든 점들을 나타낸다.

그래프 이용하기

방정식을 풀기 위해서 그래프를 이용할 수도 있다. 방정식 $x^3+5x=x^2+6$을 풀어보자. 두 그래프 $y=x^3+5x$와 $y=x^2+6$을 그려 교점을 조사하면 원래의 방정식의 근을 구할 수 있다.

모든 그래프가 원점을 지나지는 않는다. 때로 음의 값인 그래 프도 있다. 두 축은 $x=0$, $y=0$에서 만나는데, 어디에서든지 출발할 수 있고 얼마든지 크게 그릴 수도 있다.

그래프를 이용하여 삼차방정식 풀기

1048~1131년경까지 지금의 이란인 니르하푸르에 살았던 페르시아의 수학자 기야트 알 딘 아부 알파트 우마르 이븐 이브라힘 알 니사부리 알 하이야미는 오마르 카얌으로 더 널리 알려져 있다.

카얌의 대수 분야의 주요 업적은 1070년에 출판된 《대수 문제의 표현에 관한 연구》이다. 이 책에서 캬얌은 두 개의 원뿔 곡선

카얌은 19세기 영국의 번역가였던 에드워드 피츠제럴드의 삽화 덕분에 시인으로도 알려져 있다.
오마르 카얌의 루바이야트.

(86쪽 참조)을 그려 교점을 찾는 방법으로 삼차방정식(가장 높은 차수의 항이 x^3인 방정식)을 푸는 방법을 보여주었다.

$y = 8x^2 + 7x^2 + 6x + 5x + 7$과 같은 식의 우변은 대수적 표현이고 각 항들이 더해져 있는 꼴이다. $8x^2$, $7x^2$과 같이 차수가 같은 항도 있고 $8x^2$, $5x$와 같이 차수가 다른 항도 있다. 그리고 8, 7, 6, 5와 같은 수를 그 항의 계수라고 한다.

방정식의 종류

모든 식에서 차수가 가장 높은 항(또는 변수가 무엇이든 상관없다)에 의해 식의 차수가 결정된다.

일차

방정식이 x(지수가 1인)를 포함하고 x^2, x^3과 같은 더 높은 차수의 항이 없을 때, 일차방정식이라고 한다. 전형적인 일차방정식은 다음과 같다.

$$ax + by + c = 0 \quad (a,\ b\text{는 상수},\ x,\ y\text{는 변수})$$

일차방정식을 그림으로 나타내면 직선이다. 그래서 선형방정식이라고도 한다.

이차

가장 높은 차수의 항이 x^2(x^3이나 더 높은 차수의 항이 벗는)인 방정식을 이차방정식이라고 한다. 전형적인 이차방정식은 다음과 같다.

$$ax^2 + by + c = 0$$

($a,\ b,\ c$는 상수이고 a는 0이 아니다.
만약 $a=0$이면 일차방정식이다)

높은 차수의 다항식들

가장 높은 차수의 항이 x^3인 방정식을 삼차방정식, x^4인 방정식을 사차방정식, x^5인 방정식을 오차방정식이라고 한다. 다항식에서 x의 차수는 제한이 없지만 오차 이상의 방정식을 다룰 기회가 많지 않으며 푸는 것도 믿을 수 없을 만큼 어렵다.

$5x$와 같이 항이 한 개인 식, $7x^2 + x$와 같이 항이 두 개인 식,

$8x^3 + 7x + 3$과 같이 항이 세 개인 식에는 특별한 이름이 있는데, 각각을 단항식, 이항식, 삼항식이라고 한다.

🟦 그래프의 모양

식이 달라지면 그래프의 모양도 달라진다. 가장 공통적인 내용은 다음과 같다.

극점

극점은 그래프 전체에서 또는 근방에서 최고, 최저점이다. 좀 더 자세히 말하면, 곡선의 접선이 수평이 되는, 즉 접선의 기울기가 0인 모든 점을 말한다.

오른쪽 그래프를 보면 일반적으로 극점의 개수는 최고차수보다 1 작다는 것을 알 수 있다. 예를 들면, 이차함수에는 극점이 한 개 있다.

그래프의 모양

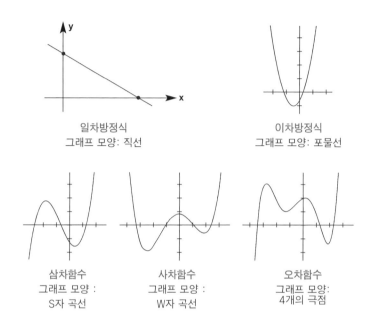

일차방정식
그래프 모양: 직선

이차방정식
그래프 모양: 포물선

삼차함수
그래프 모양 :
S자 곡선

사차함수
그래프 모양 :
W자 곡선

오차함수
그래프 모양:
4개의 극점

그래프를 이용하여 해 구하기

알콰리즈미가 대수적 방법으로 해를 구하기 전까지는 방정식을 푸는 유일한 방법은 도형이나 그래프를 이용한 방법뿐이었다.*

---

* (옮긴이 주)17세기 데카르트가 좌표평면을 만들어내기 전에는 그래프를 이용한다기보다는 도형을 이용했다. 그러나 그 아이디어는 그래프를 이용하는 것과 거의 같다고 볼 수 있기 때문에 유일하다는 표현이 가능하다.

이차방정식 $x^2-8x+15=0$을 풀려면, 이 식을 만족하는 x의 값, 즉 좌변의 값이 0이 되는 x를 찾아야 한다.

이제 $x^2-8x+15=0$인 x를 찾아보자.

아래의 그래프를 보면 이 함수가(y의 값이) 0이 되는 점이 두 개 있다. 파란색 점이다. 해를 구하기 위해서는 이 점의 x좌표가 $x=3$, $x=5$임을 읽어내기만 하면 된다(x좌표는 어떻게 알 수 있을까?).

그래프를 이용하는 방법은 삼차방정식과 같은 더 복잡한 문제도 해결하는 데 사용할 수 있다(왼쪽 그래프의 모양 참조).

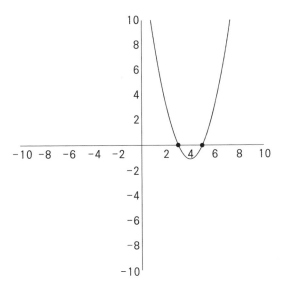

함수 $y=x^2-8x+15$의 그래프

▦ 약수

수 n의 약수는 n을 나누어떨어지게 하는 수들이다. 12의 약수는 1, 2, 3, 4, 6(자기 자신은 포함시키지 않았을 때)이다.

전개하기

대수에서 가끔씩 아래와 같이 괄호 앞에 상수가 곱해진 표현을 보았을 것이다.

$$a(x+2y)=0$$

이것은 식을 간편하게 쓰는 효과적인 방법이다. 괄호를 전개함으로써, 즉 전체를 곱함으로써 긴 표현을 얻을 수 있다.

괄호를 전개할 때에는 괄호 안의 모든 항에 괄호 밖의 수를 곱하여 모두 더한다. 위의 경우는 다음과 같다.

$$ax+2ay=0$$

> 참고 곱셈에 대한 교환법칙이 성립하므로(2장 참조) 2, a, y를 쓰는 순서에는 영향을 받지 않는다. 그러나 보통은 2와 같은 상수를 가장 먼저 쓴다.

위의 두 식은 같은 식인데, 처음 식은 나중 식과는 달리 a를 반복할 필요가 없다.

110쪽의 예는 잉크를 절약시켜주지는 않지만 큰 차이를 만들어낼 수 있다. 또 아래와 같이 더 복잡한 식을 전개할 수도 있다.

$$(x-5)(x+4)=0$$

한쪽 괄호 안에 있는 모든 항을 다른 쪽 괄호에 모두 곱하면, 다음을 얻는다.

$$x2-5x-20+4x=0$$

x에 대한 동류항을 정리하면 다음과 같다.

$$x^2-x-20=0$$

괄호 전개하기

한 단계씩 차례를 거쳐, 다음 식의 괄호를 전개하여라.

$$3(y-5)=0 \qquad (x-5)(x-7)=0$$

도움말 한쪽 괄호 안에 있는 모든 항을 다른 쪽 괄호 안의 모든 항에 곱해준 후, 이들을 모두 더해야 한다.

이것이 어떻게 도움이 될까? 곱해서 n이 되는 수들은 수 n의 약수들임을 기억하라. 비슷하게,

$(x-5)(x+4)$와 x^2-x-20은 같은 식을 다르게 표현한 것이므로, $x-5$와 $x+4$는 x^2-x-20의 인수이다. 약간 속임수같이 보일 수도 있지만, 위 식에서의 문자는 모두 수를 나타내기 때문이다.

원래의 방정식을 보자.

$$(x-5)(x+4)=0$$

이 방정식은 두 식 $x-5$와 $x+4$를 곱한 것이고 그 결과는 0이다. 그 결과가 0이 되도록 하는 길은 오직 두 식 자체가 0이 되는 길밖에 없다.

이 경우에는 $x-5=0$ 또는 $x+4=0$이다. 이 간단한 일차방정식을 풀면 우리는 x의 값이 5 또는 -4라는 것을 찾을 수 있다. 5와 -4를 위 방정식의 근 또는 해라고 한다.

인수분해

위에서 설명한 과정은 이 과정을 거꾸로 할 때 더 효과적이다. 이를 인수분해라고 하는데, 식의 인수를 찾는 과정이다.

📺 방정식 정리하기

방정식을 다룰 때는 다루기 쉽게 정리하는 것이 좋다. 아래의 식을 보자.

$$2y^2 + 3y - 3 = \frac{1}{2}y^2 + \frac{4}{y} + 4$$

우리는 이 식을 이해하기 쉬운 식으로 만들기 위해 또는 표준적인 방법으로 풀기 위해 다른 상수나 변수를 더할 수도 있고 나누는(0이 아닌 수로) 등 여러 가지 수학 연산을 시행할 수 있다.

우리가 무얼 하든 기억해야 할 가장 중요한 것은 연산은 양쪽 변에 동등하게 행해져야 한다는 점이다.

첫째, y의 동류항을 모아보자. y^2의 동류항을 모으려면 우변에서는 $\frac{1}{2}y^2$이 없어지고 좌변에서의 $2y^2$은 $\frac{1}{2}y^2$이 된다. 또 양변에서 4를 없애기 위해 양변에서 4를 빼면 그 결과 좌변의 상수항은 -7이 된다. 그 결과는 아래와 같다.

$$\frac{3}{2}y^2 + 3y - 7 = \frac{4}{y}$$

이제 우변에 남은 항을 보자. $\frac{1}{y}$ 또는 $\frac{1}{y^2}$과 같은 항이 없을 때가 다루기가 더 쉽다. 따라서 양변에 y를 곱해보자(좌변의 모든 항에도 y를 곱해야 함을 잊지 말자). 그러면 다음과 같다.

$$\frac{3}{2}y^3 + 3y^2 - 7y = 4$$

보통은 우변이 0인 것이 다루기 쉬우므로 양변에서 4를 빼자.

$$\frac{3}{2}y^3 + 3y^2 - 7y - 4 = 0$$

마지막으로 양변에 2를 곱해서 모든 계수가 정수가 되도록 하자.

$$3y^3 + 6y^2 - 14y - 8 = 0$$

🖥 일차방정식 풀기

일차방정식은 일반적으로 $ax + by + c = 0$의 꼴이다. 가장 간단한 형태의 일차방정식은 $b = 0$인 꼴, 즉 y가 포함되지 않은 꼴이다. 예를 들면 다음과 같다.

$$5x - 15 = 0$$

이 식에서 상수 c가 일반적인 형태에서와 다르게 보이는데, 사실은 수를 빼는 꼴로 되어 있을 뿐이다. 따라서 별문제 없다. 빼기는 음수를 더하는 것으로 취급할 수 있다. 예를 들면 $5x - 15$는

$5x+(-15)$와 같다.

위 방정식을 풀기 위해서는 정리하기(113~114쪽)의 기법을 사용해야 한다. 이 방정식을 만족하는 x의 값을 찾아야 하는 만큼 항을 정리하여 한쪽 변에 x만 남기면 다음과 같다.

$$5x=15$$

양변을 5로 나누면 답 $x=3$을 얻는다.

practice

방정식을 내림차순으로 정리하기

다음 삼차방정식을 네 개의 항만 남겨서 다시 정리하여라.

$$5x^2+6x-3=\frac{1}{2}x^2+\frac{3}{x}+6$$

◼ 기울기

일차방정식의 그래프의 기울기는 수평선과 그 직선이 만드는 각을 측정한 것이다.

기울기는 보통 m으로 나타내는데, 기울기를 계산하기 위해서는 직선 위의 두 점의 좌표가 필요하다. 이것을 $(x_1,\ y_1)$과 $(x_2,\ y_2)$라고 하자.

참고 아랫첨자로 서로 다른 점을 구분한다.

이 두 점을 지나는 직선의 기울기는 아래와 같다.

$$m = \frac{y_2 - y_1}{x_2 - x_1}$$

직선 위에서 기울기는 변하지 않으므로 이 식에 대입할 점은 직선 위의 아무 점이나 두 점을 택하면 된다.

$y = ax + c$(a와 c는 상수)와 같은 꼴로 주어진 어느 직선이든 기울기는 항상 a이다.

$y = 2$와 같은 수평선의 기울기는 0이다. 왜냐하면 $y = 2$는 $y = 0x + 2$로 다시 쓸 수 있기 때문이다.

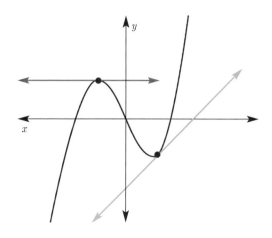

그래프의 서로 다른 점에서의 접선

접선

접선은 곡선 위의 임의의 한 점을 지나는 직선이다(그림의 녹색선 참조). 곡선 위의 각각의 점에는 서로 다른 접선이 있다. 극점에서의 접선은 그림에서의 빨간색과 같이 수평선이다.

접선의 기울기는 직선의 기울기와 마찬가지 방법으로 계산할수 있다.

연립방정식

커피숍에서 두 친구와 함께 주문을 했다. 한 명은 7달러를 내고 카푸치노 한 잔과 머핀 두 개를 샀다. 또 다른 친구는 15달러를 내고 카푸치노 세 잔과 머핀 세 개를 샀다. 카푸치노 한 잔과 머핀 한 개의 가격은 각각 얼마일까?

카푸치노 한 잔은 3달러, 머핀 한 개는 2달러이다. 이것을 시행 착오를 통해서 계산할 수도 있지만 이것은 대수 문제이니 카푸치노 한 잔의 값을 x, 머핀 한 개의 값을 y라고 하자.

두 친구의 상황을 식으로 나타내면 다음과 같다.

$$x + 2y = 7 \qquad \text{(식 1)}$$
$$3x + 3y = 15 \qquad \text{(식 2)}$$

practice

퀴즈 풀기

한 소년이 말했다. 2년 전에 아버지의 나이는 내 나이의 4배였다. 소년의 아버지가 말했다. 3년 후에 나는 내 아들 나이의 3배가 된다.

아들과 아버지는 각각 몇 살일까?

도움말 아들과 아버지의 나이를 각각 B, F로 나타내어라.

이 방정식에서 x 또는 y를 소거하여 풀 수 있다.

먼저 처음 방정식의 양변에 3을 곱하는 것으로 시작해보자. 양변에 모두 곱하므로 등식은 계속 성립한다.

$$3x + 6y = 21 \qquad \text{(식 2)}$$

이제 두 방정식 모두 $3x$라는 항이 생겼다.

다음 단계로 진행해보자. 식 3에서 식 2를 빼자. 이 과정에서는 다음과 같이 식 3의 모든 항에서 식 2의 모든 항을 빼야 한다.

$$3x - 3x + 6y - 3y = 21 - 15$$

이 식을 정리하면 다음과 같다.

$$3y = 6$$

양변을 3으로 나누면 $y = 2$이다. 즉, 머핀 한 개의 값은 2달러이다. 이제 식 1 또는 식 2에 $y = 2$를 대입하면 $x = 3$이 되고, 카푸치노 한 잔의 값으로 3달러가 나온다.

연립방정식 풀기

아래는 연립방정식을 푸는 순서이다. 이 순서대로 하기 위해서는 미지수의 개수와 방정식의 개수가 같아야 한다.

연립방정식을 푸는 네 단계

아래의 과정은 항상 같다.

1. 두 방정식에 계수가 같은 항이 생기도록 한 방정식에 적당한 수를 곱한다.
2. 한 방정식에서 다른 방정식을 빼어 미지수 하나를 소거한다.
3. 남은 미지수의 값을 계산한다.
4. 이 값을 원래의 방정식에 대입하여 또 다른 미지수의 값을 구한다.

이차방정식 풀기

가끔 방정식이 인수분해되지 않는 경우에는 다른 방법으로 풀 수 있다. 아래의 예를 보자.

$$x^2 + 4x - 2 = 0$$

위 식은 인수분해되지 않지만, 우리에게는 다른 방법이 있다.

x의 계수 4를 2로 나누어 2를 얻은 후, 제곱하여 다시 4를 얻는다. 이 수를 양변에 더한다.

$$x^2 + 4x + 4 - 2 = 4$$

처음 세 개의 항을 $(x+2)^2$으로 다시 쓴다.

$$(x+2)^2-2=4$$

양변에 2를 더하면

$$(x+2)^2=6$$

양변에 제곱근을 취하면

$$x+2=\pm\sqrt{6}$$

따라서 다음 근을 얻는다.

참고 기호 $\pm$는 제곱근이 양수일 수도 있고 음수일 수도 있음을 나타낸다. 이차방정식에는 항상 근이 2개 있다.

$$x=\pm\sqrt{6}-2$$

계산기를 누르면 x의 값이 0.449와 -4.449(소수점 아래 세 자리까지)임을 알 수 있다.

이차방정식은 여러 분야에서 매우 많이 쓰임에도 디자인이나 공학 문제를 해결하기 위해 컴퓨터를 사용하는 일이 증가하면서 그 뒤에 가려지는 경향이 있다.
이차방정식을 사용하는 실생활 분야 중 하나가 차가 안전하게 멈추는 제동거리를 계산하는 것이다.

📺 부등식

부등식은 양의 크기에 관한 수학적 진술이다. 부등식에서는 다음과 같은 기호를 사용한다.

<	>	≤	≥	≠
작다	크다	같거나 작다	크거나 같다	같지 않다

간단한 부등식으로 $x > 5$를 보자. 이 부등식은 x가 얼마이든 항상 5보다 크다는 뜻이다.

부등식의 연산 규칙

방정식에서와 마찬가지로 부등식의 양변에도 수학적 연산을 적용할 수 있다.

부등식에서의 연산 규칙 (x, y, z는 모두 실수이다)

$x>y$, $y>z$이면 $x>z$

$x<y$, $y<z$이면 $x<z$

$x>y$, $y=z$이면 $x>z$

$x<y$, $y=z$이면 $x<z$

$x<y$이면 $x+z<y+z$, $x-z<y-z$

$x>y$이면 $x+z>y+z$, $x-z>y-z$

$x<y$이고 z이 양수이면 $xz<yz$

$x<y$이고 z이 음수이면 $xz>yz$

$x<y$이면 $-x>-y$

$x>y$이면 $-x<-y$

$x>y$이면 $\dfrac{1}{x} < \dfrac{1}{y}$

$x<y$이면 $\dfrac{1}{x} > \dfrac{1}{y}$

부등식 이용하기

부등식을 계산하기 위하여 알려진 부등식이나 부등식의 성질을 이용할 수 있다. 당신은 지금 20달러를 갖고 있다. 5달러짜리 스카프와 한 권에 3.70달러인 책을 몇 권 사려고 한다면 과연 몇 권이나 살 수 있을까?

이 상황을 부등식으로 나타낼 수 있다. b는 책의 권수를 말한다.

$$5 + 3.70b < 20$$

양변에서 5를 빼면,

$$3.70 < 15$$

양변을 3.70으로 나누면

$$b < 4.05 \text{ (소수 둘째 자리까지)}$$

따라서 책은 4.05권보다 적게 살 수 있으므로 결국 책은 4권까지 살 수 있다.

과자 문제

practice

당신은 현재 11달러로 과자를 사려 한다. 초콜릿 과자는 한 개에 20센트인 반면 건포도 과자는 15센트이다. 당신은 초콜릿 과자를 더 좋아하지만 두 가지 모두를 사려고 한다. 정확하게는 초콜릿 과자를 건포도 과자의 두 배만큼 사려고 한다.

그렇다면 최대한 몇 개까지 살 수 있을까?

도움말 두 종류의 과자를 변수로 나타낸 뒤 상황을 부등식으로 나타내어 풀면 된다.

🟦 증명

수학자들은 증명이 가능한 것을 좋아한다. 무엇인가를 증명함으로써, 식에 어떤 값을 넣어도 성립함을 보일 수 있다.

그리스 수학자 유클리드는 수학적 증명의 형식적인 규칙을 처음으로 보여준 사람이다. 그가 주장한 체계는 처음 가정을 만들어내고 논리를 이용하여 처음 가정들이 참이라면 거기서 도출된 결론도 또한 참이라는 것이다. 물론 이미 증명된 결과를 이용할 수도 있다.

· 직접 증명법

어떤 명제를 증명하기 위해 이미 증명한 정리 또는 가정을 이용하는 것이다. 가령 짝수에 1을 더하면 홀수라는 명제를 증명하기 위하여 모든 자연수를 2배한 수가 짝수라는 지식으로부터 출발하는 직접 증명법을 사용할 수 있다.

· 귀납법

어떤 명제가 참임을 보일 때 귀납법으로는, 수를 대입하면서 모든 경우에 명제가 참임을 보이기 전에 이 명제 자체가 참임을 증명할 수 있다.

• 귀류법

귀류법은 기본 전제를 만드는 것이 중요하다. 그러고는 기본
전제가 참일 수 없다는 것을 보이면 된다.

1600년대에 프랑스 수학작 피에르 드 페르마는 그가 보던 책의
여백에 한 정리를 써 놓았다. 그러고는 그 정리를 증명했다고 주
장하였는데, 증명은 남기지 않았다. 이후 그 정리는 페르마의 마
지막 정리로 알려지게 되었다.
영국의 수학자 앤드류 와일즈는 결국 1994년에 귀류법으로 페르
마의 마지막 정리를 증명했다. 이 증명은 100쪽이 넘는다.

📺 함수

함수는 입력과 출력이 있는 검은 상자로 생각할 수 있다. 검은
상자 안에 수를 넣으면 무언가 작용이 일어난 후 출력된 수를 볼
수 있다. 예를 들어, 변수 x를 넣었을 때 출력을 $f(x)$라고 한다.
함수는 삼각함수와 대수적 표현을 포함해서 여러 가지 형태

가 있다. 예를 들어, x가 자연수일 때 $f(x)=x^2+1$이라고 하자. $x=5$이면 $f(x)=26$이다.

$f(x)=x^2+1$이므로 상자 안에 $x=1$을 넣으면 2를 얻는다.
만약 $x=3$을 넣으면 5를 얻는다.

각각의 입력에 대하여 오직 한 개의 출력만 존재한다. 따라서 제곱근은 함수가 아니다. 어떤 수의 제곱근을 택하면 양수와 음수 두 개가 존재하기 때문이다.

집합

함수의 개념은 집합의 개념과 매우 밀접하게 관련되어 있다. 집합은 서로 구분되는 대상들의 모임이다. 이 구분되는 대상을 집합의 원소라고 한다.

집합은 쉼표로 구분하여 중괄호 {　} 안에 쓴다. 예를 들어,

미국 국기의 색깔의 집합은 { 빨간색, 흰색, 파란색 }

짝수 중 처음 네 개의 집합은 {2, 4, 6, 8}이다.

대수적 표현을 이용해서도 집합을 정의할 수 있는데, 예를 들어,

$$F = \{\, n+1 \mid n \text{은 정수}, \, 0 \leq n \leq 10 \,\}$$

이다. 이것은 $n=0$부터 10까지의 정수일 때 $n+1$을 이용해서 계산한다는 뜻이다. 따라서 이를 다음과 같이 나타낼 수도 있다.

$$F = \{\, 1, 2, 3, 4, 5, 6, 7, 8, 9, 10, 11 \,\}$$

5

확률론

🎲 확률의 기본 성질

내일 비가 올 가능성이 얼마나 될까? 만약 런던에 산다면 $\frac{1}{2}$? 카이로에 산다면 $\frac{1}{15}$?

어떤 사건이 일어날 가능성을 다루는 수학의 분야를 확률론이라고 한다. 그리고 수학에서 일어날 가능성이 있는 모든 상황을 사건이라고 부른다.

결과

각 사건마다 가능한 결과의 범위가 정해져 있다. 주사위를 던지는 경우에는 1, 2, 3, 4, 5, 6의 눈이 나오고, 동전을 던지면 앞면 아니면 뒷면이다.

이처럼 가능한 결과를 모두 나열한 것을 표본공간이라 하고 보통은 집합 S로 나타낸다.

주사위를 던진 경우의 표본공간은 다음과 같다.

$$S = \{1, 2, 3, 4, 5, 6\}$$

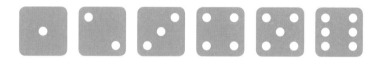

사건은 가능한 모든 결과인 이 집합의 부분집합으로 정의된다. 예를 들어 4보다 작은 수가 나오는 사건은 $E = \{1, 2, 3\}$ 이다.

마지막으로 수학자들은 사건 E의 확률을 다음과 같이 정의했다.

$$p(E) = \frac{\text{사건 E가 나오는 결과의 개수}}{\text{가능한 결과의 전체 개수}}$$

확률은 항상 0과 1(가끔은 백분율로 쓰기도 한다.) 사이의 유리수이다. 확률이 0인 사건은 결코 일어나지 않는 반면, 확률이 1인 사건은 반드시 일어난다(결과가 무한히 많은 경우에는 정확히 성립하지는 않는다).

주사위를 던지는 경우, 4보다 작은 수가 나올 확률은 얼마일까? 그 대답은 아래와 같다.

$$p(\text{4보다 작다}) = \frac{3}{6} = 0.5$$

가능한 결과에 기초한 확률은 주관적 확률과는 다르다. 주관적 확률은 개인이 어떤 일이 일어날 것인가에 대한 자신의 느낌과 경험에 근거해서 측정한 확률을 말한다.

상대도수

동전을 50번 던지면서 앞면이 나왔는지 뒷면이 나왔는지 기록할 경우 상대도수는 다음과 같이 계산할 수 있다.

$$\text{상대도수} = \frac{\text{사건이 일어난 횟수}}{\text{시행 횟수}}$$

만약, 앞면이 30번 나왔다면 앞면의 상대도수는 $\frac{30}{50}$, 즉 0.6이다.

실제 상황을 반영하는 상대도수는 이상적인 실험 조건에서 기대되는 값이기 때문에 어떤 사건이 일어나는 실제 확률과 같지 않을 수 있다. 그러나 이상적인 조건이 만들어지고 시행 횟수가 무한히 크다면, 상대도수가 확률에 가까

이 갈 것으로 기대할 수 있다.

🔅 수형도

　수형도는 사건의 결과와 그 사건들의 확률을 보여주는 그림이다.
　123쪽의 그림은 주머니에서 두 개의 공을 꺼내는 실험에 대한
것이다. 세 가지 색깔의 공이 있다(빨강, 초록, 파랑). 첫째 공을 꺼
낼 확률은(공을 왼쪽부터 그린다고 하자) 각 색깔마다 0.3333이다.
일단 공을 한 개 꺼내고 나면 남은 두 개의 공이 꺼내질 확률은
각각 0.5이다.

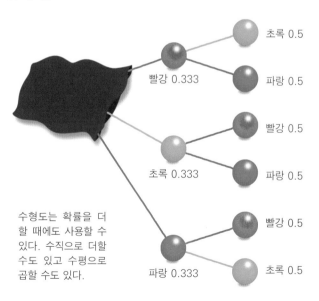

수형도는 확률을 더
할 때에도 사용할 수
있다. 수직으로 더할
수도 있고 수평으로
곱할 수도 있다.

10년 안에 우주의 다른 곳에 지적인 생명체가 발견될 가능성이 있을까와 같은 참신한 내기를 하는 큰 도박장이 있다고 하자. 도박장에서는 이런 일이 벌어질 가능성에 대해 알지 못하기 때문에 그들이 돈을 벌 수 있는 정도의 수준으로 가능성을 간단히 정하려고 할 것이다.

🎲 팩토리얼

확률에서 가끔씩 연속된 수를 곱해야 할 경우가 생긴다. 그래서 수학자들은 이런 경우에 간단하게 쓰는 표기법을 만들었고 팩토리얼이라고 부른다. n팩토리얼은 $n!$이라고 쓰는데, 다음을 말한다.

$$n! = n \times (n-1) \times (n-2) \times \cdots \times 4 \times 3 \times 2 \times 1$$

따라서 $4! = 4 \times 3 \times 2 \times 1 = 24$이고 $6! = 6 \times 5 \times 4 \times 3 \times 2 \times 1 = 720$이다.

팩토리얼은 순열과 조합의 계산을 쉽게 만든다.

🎲 순열과 조합

네 가지 색깔의 공-빨강, 초록, 파랑, 노랑-이 주머니 안에 숨겨져 있다고 하자. 공을 두 개 꺼내어 순서대로 그 색깔을 쓴다고 할 때 몇 가지 경우가 가능할까?

첫 번째는 **빨강**,　첫 번째는 **빨강**,　첫 번째는 **빨강**,　첫 번째는 **초록**,
두 번째는 **초록**　두 번째는 **파랑**　두 번째는 **노랑**　두 번째는 **빨강**

첫 번째는 **초록**,　첫 번째는 **초록**,　첫 번째는 **파랑**,　첫 번째는 **파랑**,
두 번째는 **파랑**　두 번째는 **노랑**　두 번째는 **빨강**　두 번째는 **초록**

첫 번째는 **파랑**,　첫 번째는 **노랑**,　첫 번째는 **노랑**,　첫 번째는 **노랑**,
두 번째는 **노랑**　두 번째는 **빨강**　두 번째는 **초록**　두 번째는 **파랑**

그 답은 12가지이다. 이것은 매우 명백하다. 첫 번째 공을 꺼낼 때는 4가지 경우가 있다. 두 번째 공을 꺼낼 때는 공이 오직 3개만 남아 있다. 따라서 전체 경우의 수는 $4 \times 3 = 12$이다.

만약 주머니 안에 12가지 색깔의 공이 들어 있고 공을 여섯 번 꺼낸다면 어떻게 될까? 물론 우리는 모든 가능한 경우의 수를 나열할 수 있겠지만 더 간단한 방법이 있다.

첫 번째 공을 꺼낼 때는 12가지 중에서 고르게 된다. 두 번째 공을 꺼낼 때는 11가지, 세 번째는 10가지, 네 번째는 9가지. 다섯 번째는 8가지, 여섯 번째는 7가지 중에서 고르게 된다. 이것이 의미하는 것은 가능한 순열의 수가 다음과 같다는 것이다.

$$(가능한\ 순열의\ 수) = 12 \times 11 \times 10 \times 9 \times 8 \times 7 = 665,280$$

위 식은 매우 익숙하다. 12!의 앞 부분인 것이다. 사실 위 수는 $6 \times 5 \times 4 \times 3 \times 2 \times 1$ 부분이 없는 12!이다. 그리고 $6 \times 5 \times 4 \times 3 \times 2 \times 1$는 6!이다.

따라서 가능한 순열의 수는 $\dfrac{6!}{12!}$ 이다.

이것을 일반화하면 n개에서 k개를 뽑는 순열의 수가 만들어진다.

$$P(n, k) = \frac{n!}{(n-k)!}$$

조합

이것과 관련되어 있지만 조금 다른 것이 조합이다. 위의 공을 꺼내는 예에서 우리는 노란 공을 꺼내고 빨간 공을 꺼내는 경우, 빨간 공을 꺼내고 노란 공을 꺼내는 경우와 같이 순열을 사용했다. 만약 중복으로 세기를 원하지 않는다면, 조합을 계산할 수 있다.

n개의 대상에서 k개를 중복없이 뽑는 조합의 수는 다음과 같다.

$$C(n, k) = \frac{n!}{k!(n-k)}$$

확률의 덧셈

카드 한 벌에서 한 장의 카드를 뽑았다고 하자. 스페이드 A를 뽑았을 확률은 얼마일까? 앞에서 언급한 방정식으로부터 다음을 얻는다.

$$P(\text{스페이드 A}) = \frac{1}{52}$$

이제 다시 카드를 카드 더미에 집어 넣자. 그리고 다시 한 장을 뽑을 때 하트 A를 뽑을 확률은 얼마일까? 여전히 52장의 카드가 있으므로 다음 식이 세워진다.

$$P(\text{하트 A}) = \frac{1}{52}$$

사건 A와 사건 B가 동시에 일어날 확률을 구하기 위해서는 두 사건의 확률을 곱하면 된다.

$$P(\text{스페이드 A와 하트 A}) = \frac{1}{52} \times \frac{1}{52} = \frac{1}{2704}$$

즉, 스페이드 A와 하트 A를 모두 뽑는 경우는 2704가지의 기회 중 하나로 매우 드문 경우이다.

종속 확률

처음에는 스페이드 A가 나오고 둘째는 하트 A가 나올 확률을 알고 싶을 때 — 단, 처음 카드를 다시 넣지 않는다고 하자 — 우리는 여전히 두 확률을 곱해야 하지만 둘째 확률은 남은 51장의 카드 중에서 뽑아야 하므로 약간의 변화가 있다. 즉, 둘째 카드는 첫째 카드가 무엇이냐에 따라 달라진다.

$$P(\text{스페이드 A와 하트 A}) = \frac{1}{52} \times \frac{1}{51} = \frac{1}{2652}$$

이 확률은 앞의 확률과 거의 비슷하지만 조금 다르다.

종속 확률의 결합은 다음과 같이 나타낸다.

$$P(A\text{와 }B) = P(B \mid A)P(A)$$

여기서 $P(B \mid A)$는 사건 A가 이미 일어났을 때 사건 B가 일어날 확률을 말한다.

✿ A 또는 B가 일어날 확률

확률을 결합하는 또 다른 상황이 있는데, 사건 A 또는 사건 B 가 일어날 확률을 구할 때이다.

이 경우에는 확률을 곱하는 대신, 더한다.

$$P(A \circ B) = P(A) + P(B)$$

예를 들어, 52장의 카드 한 벌에서 스페이드 A를 뽑는 확률은 $\frac{1}{52}$ 이고, 스페이드 A를 뽑지 않을 확률은 $\frac{51}{52}$ 이다.

이들을 더하면 1이 된다. 이 뜻은 스페이드 A를 뽑거나 뽑지 않을 확률이 1이라는 뜻이다.

> **TMI**
>
> 확률에 대한 관심은 도박에서 왔다. 17세기 프랑스 수학자 블레즈 파스칼과 피에르 드 페르마(마지막 정리로 유명한)는 두 개의 주사위를 24번 던질 때 6이 두 번 나올 가능성을 포함한 주사위 게임에 대해서 편지를 주고 받았다. 다른 수학자들도 이 새로운 주제에 빠르게 관심을 보였다.

생일 문제

방안에 있는 사람 중에 두 사람의 생일이 같을 확률이 50%보다 크려면 몇 명이나 있어야 할까?

답은 23이다. 그 이유는 다음과 같다.

먼저 모두의 생일이 다를 확률을 계산해보자.

첫째 사람이 생일이 다를 확률은 1이다(왜냐하면 아직 아무도 선택하지 않았기 때문이다). 둘째 사람이 처음 사람과 다를 확률은 $\frac{364}{365}$ 또는 $1 - \frac{1}{365}$이다. 비슷하게 셋째 사람이 앞의 두 사람과 생일이 다를 확률은 $\frac{363}{365}$ 또는 $1 - \frac{2}{365}$이다. 이런 방법으로 계속하면, n째 사람에 대해서는 확률은 $1 - \frac{(n-1)}{365}$이다. 모든 사람의 생일이 다를 확률은 이것을 다 곱한 값이므로

$P(n$명, 생일이 모두 다름$)$

$$= 1 \times \left(1 - \frac{1}{365}\right) \times \left(1 - \frac{2}{365}\right) \times \left(1 - \frac{3}{365}\right) \cdots \left(1 - \frac{(n-1)}{365}\right)$$

$$= \frac{365}{365} \times \frac{364}{365} \times \frac{363}{365} \times \frac{362}{365} \times \cdots \times \frac{(365-n+1)}{365}$$

$$= \frac{365!}{365n(365-n)}$$

생일이 모두 다를 확률과 생일이 모두 다르지 않을 확률을 더하면 1이므로

$P(n$명, 생일이 같은 사람이 있음$) = 1 - \frac{365!}{365n(365-n)}$

n의 값에 23을 대입하면 이 값이 50%를 넘지 않음을 확인할 수 있다.

✿ 확률분포

서로 다른 변수에 대한 모든 결과에 대해서 확률을 보여주는 그래프를 말한다.

이산 확률 변수

학교에서 학생들이 주머니에 동전을 몇 개씩 가지고 있는지 조사하기로 했다. 이때 동전의 수는 조사를 할 때마다 달라지는 확률 변수이다. 동전의 개수는 자연수이기 때문에 이것을 이산 확률 변수라고 부른다.

연속 확률 변수

키와 같은 다른 측정에서는 변수는 모든 값을 가질 수 있는데, 이런 값을 연속 확률 변수라고 한다.

대표적인 확률 분포

분포 종류	그래프	전형적인 예
포아송		포아송 분포의 모양은 주어진 구간에서 사건이 일어나는 횟수를 나타내는 변수에 달려 있다. λ가 크면, 포아송 분포는 정규 분포와 비슷하다.
정규 (가우스)		사람의 키와 같이 중앙값 근처에 모이는 연속 확률 변수이다.
이항		이 그래프의 모양은 표본의 개수와 확률에 달려 있다. 이는 계단형 이산(연속이 아닌) 함수로 나타난다.

🏵 확률과 스포츠와 게임

매일매일의 스포츠와 게임에서도 확률이 나타난다. 예를 들어, 카드 게임이나, 카지노 게임에서 이기기 위해 확률 지식을 사용할 수 있다.

크랩스 게임

주사위를 던지자. 규칙은 다음과 같다. 게임을 하는 사람(공격자)는 크랩스 탁자에서 패스라인, 패스라인이 아닌 라인이라고 부르는 두 자리 중 한  곳에 걸고 두 개의 주사위를 굴린다. 공격자는 카지노(지키는 자)에 대항하는 게임을 한다.

주사위를 처음 던지는 것을 컴아웃 롤이라고 한다. 공격자가 던진 눈이 7 또는 11이 되면 게임은 끝난다. 패스라인의 어느 곳에 놓던지 이기고(공격자는 건 금액의 두 배를 받는다) 패스라인이 아닌 라인에 있으면 진다.

2, 3, 12가 나오면 "크랩스"라고 부르며 게임이 끝난다. 이 경우에는 패스라인에 놓은 금액을 잃고 패스라인이 아닌 라인에 놓인 것이 이기게 된다.

컴아웃 롤의 다른 수(4, 5, 6, 8, 9, 10)에 대해서는, 포인트라고 알려져 있다. 공격자는 계속 주사위를 던진다. 똑같은 수가 나오면, 게임은 끝나며 패스라인에 건 것은 따고 패스라인이 아닌 라인에 건 것은 잃는다. 공격자가 7이 나오면 게임이 끝나면서 패스라인에 있는 것은 잃지만 패스라인이 아닌 라인에 있는 것은 딴다. 하지만 다른 수가 나온다면 게임을 계속한다.

아드 조사하기

아래의 표는 크랩스 게임에서 나올 수 있는 여러 경우를 나열한 것이다. 가장 윗 열 왼쪽 행은 컴아웃 롤을 했을 때의 주사위를 보여준다. 표의 값들은 두 개의 주사위의 눈을 더한 값이다.

주사위의 눈	1	2	3	4	5	6
1	2	3	4	5	6	7
2	3	4	5	6	7	8
3	4	5	6	7	8	9
4	5	6	7	8	9	10
5	6	7	8	9	10	11
6	7	8	9	10	11	12

표는 주사위를 두 개 던졌을 때의 36가지의 결과를 모두 나타낸 것이다. 7이 나오는 6가지 방법도 확인할 수 있다.

$$\mathrm{p}(7\text{이 나옴}) = \frac{6}{36} = \frac{1}{6} = 16.66\%$$

또한 표에서 11이 나오는 경우는 두 가지이므로

$$\mathrm{p}(11\text{이 나옴}) = \frac{2}{36} = \frac{1}{18} = 5.55\%$$

이는 확률의 덧셈법칙에 의해 다음과 같이 말할 수 있다.

$$p(7 \text{ 또는 } 11\text{이 나옴})=p(7\text{이 나옴})+p(11\text{이 나옴})$$
$$=22.22\%$$

패스라인에 걸었을 때 컴아웃 롤 한 번에 이길 확률은 22.22% 이다.

컴아웃 롤에서 4, 5, 6, 8, 9, 10이 나오면 이길 수 있지만 7이 나오기 전에 똑같은 수가 나와야 한다.

비슷한 방법으로 추론하면, 주사위를 던져 이기는 다른 확률은 27.07%이다(4, 5, 6, 8, 9, 10이 두 번).

따라서 크랩스 게임에서 주사위를 던져 이길 확률은 22.22% +27.07% 즉, 49.29%이다.

컴아웃 롤에서 7 또는 11이 나올 확률에 이들을 모두 더하면 패스라인에서 이길 확률을 알 수 있다.

$$P(\text{패스라인에서 이김})=22.22+2.77+4.44+6.31+6.31$$
$$+4.44+2.77$$
$$=49.29\%$$

이처럼 이길 확률이 50% 이하라는 사실은 길게 보면 항상 카지노가 이긴다는 점을 확실히 보여준다.

블랙잭

블랙잭*은 확률을 공부하기에 좋은 또 다른 카지노 게임이다. 당신이 카드를 받을 때 버스트가 될 가능성은 다음 표와 같다.

가지고 있는 카드	버스트 확률	가지고 있는 수	버스트 확률
21	100%	15	58%
20	92%	14	56%
19	85%	13	39%
18	77%	12	31%
17	69%	11 or less	0%
16	62%		

딜러는 플레이어에 비해 또 다른 카드를 가질 것인지 말 것인지를 결정하는 유리함을 가지고 있다. 플레이어는 버스트가 되면 건 금액을 즉시 잃는다.

처음에 블랙잭이 될 확률은 약 4.8%이다.
카드의 합이 18 이상이 될 확률은 약 27.7%이다.

* (옮긴이 주)카드의 합이 21에 가장 가까운 쪽이 이기는 게임이다. 처음에 기본 카드를 받고 시작하며 계속 카드를 받게 된다. 게임 진행 중, 카드의 합이 21을 넘으면 지게 되는데, 이때 버스트라고 해야 한다.

베이스 정리

의사인 당신은 희귀질환에 대한 새로운 검사를 막 시작했다. 이 검사는 환자 중에서 보균자를 99% 정확하게 진단해낼 정도로 매우 정확하다. 또한 환자 중에 비보균자도 99% 정확하게 진단해낸다. 균은 인구의 0.1%에게서만 발견된다고 할 때 검사 결과 양성이 나왔다면 실제 병에 걸렸을 확률은 얼마일까?

답을 얻기 위해서는 레베런드 토마스 베이스의 이름을 딴 베이스의 정리를 사용해야 한다. 이 정리는 다음과 같다.

$$P(A \mid B) = \frac{P(A \mid B)P(A)}{P(B)}$$

단, P(A)는 사건 A가 일어날 확률, P(A|B)는 사건 B가 일어났을 때 사건 A도 일어날 확률, P(B|A)는 사건 A가 일어났을 때 사건 B도 일어날 확률, P(B)는 사건 B가 일어날 확률이다.

여기서 P(A)는 어떤 사람이 0.1%의 확률로 균을 가지고 있을 확률이다. P(B|A)는 어떤 사람이 균을 가지고 있으면서 검사에서 양성으로 판정이 날 확률로, 우리가 계산하고자 하는 양성 결과가 나올 확률이다. P(B)는 실제로 양성 결과가 나올 확률(=99%×0.1%=0.099%)에 균이 없는데 양성으로 나올 확률(=1%×99.9%=0.999%)을 더한 1.098%이다.

검사 결과가 양성이면서 어떤 사람이 실제로 병에 걸렸을 확률은 다음과 같다.

$$P(A|B) = \frac{99\% \times 0.1\%}{1.098\%} = 10.87\%$$

이 수치는 어떤 환자가 양성 판정을 받더
라도 실제로는 거의 병에 걸리지 않았
다는 것을 뜻하기 때문에 이 검사는
정확하다고 말하기 어렵다.

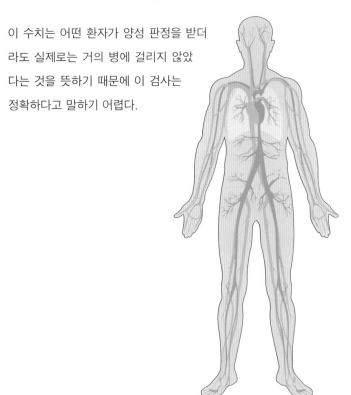

6

무한 그 너머

응용수학

응용수학은 과학이나 공학과 같은 다른 분야에 수학을 활용하는 연구이다.

응용수학의 핵심은 튕겨 오르는 공, 포탄의 발사, 행성의 궤도 (만약 알베르트 아인슈타인의 아이디어를 무시한다면)와 같이 움직이는 물체를 연구하는 고전역학이다.

고전역학의 방정식

개념	방정식
속도	$v = \dfrac{d\boldsymbol{r}}{dt}$
가속도	$\boldsymbol{a} = \dfrac{d\boldsymbol{v}}{dt}$
뉴튼의 운동의 제이법칙	$\boldsymbol{F} = m\boldsymbol{a} = \dfrac{d(m\boldsymbol{v})}{dt}$
등가속도 운동에서의 속도의 변화	$\boldsymbol{v}^2 = \boldsymbol{u}^2 + 2as$ ($v=$최종속도, $u=$초기속도, $a=$가속도, $s=$거리)
가속도가 상수일 때 움직인 거리	$s = \boldsymbol{u}t + \dfrac{1}{2}\boldsymbol{a}t^2$ ($s=$거리, $u=$초기속도, $t=$시간, $a=$가속도)

참고 굵은 글자, 기울인 글자는 벡터를 말한다(85쪽 참조).

응용수학의 실생활 활용

응용수학은 실생활 전체에 걸쳐 나타난다. 항공사에서는 비행기 운항 계획을 가장 효율적으로 수립하기 위해 수학적 모델을 사용한다. 투자신탁회사는 증권의 가격 변동을 예측할 때, 다른 투자신탁회사는 시간이 흐름에 따라 어떻게 움직일지 예측할 때 수학적 모델을 이용한다. 게임이론('죄수의 딜레마' 참조)은 응용수학이 경제 상황에 밀접하게 관련된 또 다른 영역이다.

죄수의 딜레마

1920년대 후반, 헝가리 수학자 존 폰 노이만은 〈실내게임에 대하여〉라는 논문을 출판했다. 이 논문에는 포커나 체스와 같은 게임에서 결과를 분석하는데 수학을 사용하는 방법에 대한 연구가 실려 있었다. 폰 노이만은 제한된 사람이 참여하는 모든 전략 상황에서 게임이론이 가지는 잠재력을 재빨리 알아차린 것이다.

게임이론 중에 가장 잘 알려진 것이 아래와 같은 죄수의 딜레마이다.

경찰이 구치소에 두 명의 죄수를 따로 가두어 두고 있다. 경찰은 죄수들에 대해 충분한 증거를 갖고 있지 못하기 때문에 두 죄수에게 거래를 제안하려고 한다.

만약 한 죄수가 증거를 내놓는다면 그 죄수는 풀어주고 다른 죄수는 더 무거운 형량을 받게 된다.

만약 두 죄수가 모두 침묵한다면, 다른 사소한 잘못을 걸어 가벼운 형량을 선고받게 된다.

만약 두 죄수 모두 증거를 내놓는다면 위의 두 가지 경우의 중간쯤 되는 형량을 받게 된다.

죄수의 딜레마는 가장 효과적인 전략을 찾아내는 것이다. 그리고 다음의 표를 살펴보면 논리적으로 A와 B 모두 배신하게 되리라는 것을 알 수 있다. 왜냐하면 그 길만이 두 사람 모두 상대방이 어떤 결정을 하든 상대적으로 가벼운 형량을 선고받는 길이기 때문이다.

그러나 사실, 실제 상황에서는 많은 죄수들이 증거를 내놓기보다는 침묵을 택한다.

가능한 결과		
	B가 침묵할 때	B가 A를 배신
A가 침묵할 때	모두 9개월	A는 5년, B는 자유
A가 B를 배신	B는 5년, A는 자유	모두 3년

게임이론은 상업적 경매의 설계나 사업 전략을 포함하는 많은 분야에서 사용되고 있다.

수 체계

아마도 우리의 손가락이 10개인 때문인지, 우리가 사용하고 있는 수 체계의 기본수는 10이다. 그러나 십진법만이 사용되는 유일한 수 체계는 아니다.

십진법

십진법은 우리가 사용하고 있는 수 체계로 기본수는 10이다. 수에서의 위치에 따라 자릿값이 결정된다. 가장 오른쪽 자리는 1을 나타내고 그 왼쪽은 10, 그 왼쪽은 100과 같은 식이다.

십진법					
100000	10000	1000	100	10	1
5	6	4	3	5	7

따라서 564,357은 $(5 \times 100000) + (6 \times 10000) + (4 \times 1000) + (3 \times 100) + (5 \times 10) + (7 \times 1)$과 같다.

십진법은 수 천년 동안 사용되어 왔다. 이집트의 상형문자는 십진법의 지식에 대한 증거를 보여주는 반면, 인더스 문명은 십진분수를 기원전 3000년 이전부터 써왔다.

이진법

오늘날 컴퓨터의 세계에서 널리 쓰이고 있는 또 다른 수 체계가 있다. 이진법—2를 기본수로 하는—은 인도와 중국의 학자들에 의해 처음 주장되었으나 세상에 나온 것은 글자가 이진법으로 암호화될 수 있다고 제안한 철학자이자 과학자인 프랜시스 베이컨에 의해서이다. 이진법은 두 개의 기

프랜시스 베이컨은 최초로 이진법을 선보인 것으로 유명하다.

호—0과 1—만을 사용하며 십진법이나 육십진법과 마찬가지의 원리를 따른다. 때문에 아래 표에서와 같이 한 자리 올라갈 때마다 2를 곱한 자리값을 갖게 된다.

이진법						
64	32	16	8	4	2	1
1	0	1	1	1	0	

둘째 행의 이진법의 수가 나타내는 수는
$(1 \times 64) + (0 \times 32) + (1 \times 16) + (1 \times 8) + (1 \times 4) + (0 \times 2) + (1 \times 1) = 93$이다.

이진법에서 덧셈은 다음과 같은 규칙에 따른다.

$0+0=0, 1+0=1, 0+1=1, 1+1=0$(한 자리 위에 1을 쓴다.)

$$110+10=1000$$

이진법에서의 **뺄셈**은 다음과 같은 규칙을 따른다. $0-0=0$, $1-0=1$, $1-1=0$, $0-1=1$(한 자리 위에 1을 빌려온다.)

$$110-11=11$$

practice

이진법의 수

이진법의 수에서 $11111+10101$의 결과는 무엇일까?

도움말 보통의 덧셈에서와 같이 세로셈으로 써보자. 그리고 오른쪽부터 더해 나간다. 이때 10이 되면 한 자리 올리는 대신 2가 되면 한 자리 올린다.

허수

이탈리아의 수학자인 라파엘 봄벨리는 16세기에 음수의 제곱근이 존재하는지에 대한 문제를 풀다가 허수라는 발상을 하게 되었다. 봄벨리는 음수의 제곱근을 나타낼 때 사용하려고 −1의 제곱근으로 허수 i를 도입했다.

그 방법은 이런 식이다. −9는 9×(−1)로 쓸 수 있다. 따라서 −9의 제곱근은 9의 제곱근에 −1의 제곱근을 곱하면 된다. 기호 i는 봄벨리에 의해서 −1의 제곱근을 나타내기 위해 도입되었다. 따라서 아래와 같이 나타낼 수 있다.

$$\sqrt{-9} = 3i$$

−1의 제곱근이라는 개념을 이해하기가 어려워 허수라는 아이디어는 터무니없는 것으로 취급받기도 했지만 결국은 다른 수학자들에 의해 받아들여지게 되었다. 그리고 지금은 교류 전기와 관련된 전기공학 계산을 포함한 많은 분야에서 허수를 사용하고 있다.

복소수

수학자들은 허수라는 개념을 실수 부분과 허수 부분이 모두 있는 복소수로 확장했다. 예를 들어, 5+6i는 복소수이다.

누가 미적분학을 발견했는가?

제논과 아르키메데스를 비롯한 많은 수학자들이 미적분학의 발달에 중요한 공헌을 했다.

1634년, 프랑스 수학자 질 페르손 드 로베르발은 곡선 아래의 넓이를 계산하는 방법을 소개했고, 뒤이어 프랑스의 피에르 드 페르마는 곡선의 접선에 관한 중요한 업적을 내놓았다. 그러나 미적분학의 발견자로 언급되는 수학자는 다른 두 명이다.

1660년대에 아이작 뉴턴 경은 유율법이라고 부르는 이론을 내놓았다. 이때 뉴턴은 곡선을 그리는 입자의 속력, 시간에 따라 입자의 좌표가 바뀌는 방법, 위치와 속력이 시간에 따른 위치의 미분을 통해서 관계가 드러난다는 것에 집중했다. 또한 그는 도함수를 원래의 함수로 되돌리는 과정인 적분에 대해서도 연구했다.

1670년대에 독일 수학자 고트프리트 라이프니츠는 곡선 아래의 넓이를 계산하기 위하여 적분을 이용했다. 이 기법이 사용된 처음 기록으로, 우리가 사용하는 기호 $\frac{d}{dx}$와 적분 기호 $\int$를 도입했다.

고트프리트 라이프니츠

사실 누가 처음으로 미적분학을 발견했는가에 대한 논쟁이 있었는데, 두 사람 모두 미적분학의 발전에 지대한 공헌을 한 것은 틀림없는 사실이다.

미적분학의 시작

미적분학은 특별한 점에서의 곡선의 기울기를 어떻게 계산하는가에 대한 연구로 시작되었다. 4장에서는 직선의 기울기를 어떻게 구하는지를 다루었다(117쪽 참조). 기울기를 구하기 위해서는 두 개의 점의 좌표가 필요하다.

곡선의 기울기를 구하는 비법은 161쪽 그래프의 파란색 점과 같이 곡선의 두 점을 지나는 할선을 생각하는 것에 있다. 할선이 짧

아질수록 할선의 기울기는 접선(녹색 선)의 기울기에 가까워진다.

만약 $x=5$에서의 접선의 기울기를 계산하려면 할선이 지나는 점이 접점으로 가까이 갈수록 할선의 기울기가 접선의 기울기에 점점 가까워지는 것을 볼 수 있다.

곡선 위에 $x=5$에 매우 가까우면서 x좌표가 $x+h$인 또 다른 한 점 x_2를 생각하자.

우리는 곡선의 식을 이용하여 이 점의 y좌표를 계산할 수 있다.

$$y^2=(x+h)^2=x^2+2xh+h^2$$

$$할선의\ 기울기=\frac{y_2-y_1}{x_2-x_1}$$

$(x_1,\ y_1)=(x,\ x^2)$이므로

$$기울기=\frac{2xh+h^2}{h}=2x+h$$

이 기울기의 극한을 계산해보자(45~46쪽 참조).

$$접선의\ 기울기=\lim_{h\to 0}(할선의\ 기울기)$$

$$=\lim_{h\to 0}(2x+h)$$

따라서 h가 영으로 가까이 갈수록 우리는 원하는 기울기를 얻

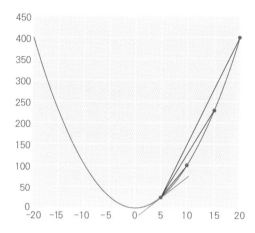

할선의 기울기는 $x=5$로 가까이 갈수록 접선의 기울기에 가까이 간다.

게 된다. 그런데,

$$\lim_{h \to 0}(2x + h) = 2x$$

이다. 따라서 $x=5$에서 접선의 기울기는 $2 \times 5 = 10$이다.

수학자들은 모든 함수에 대하여 이것을 다음과 같이 나타낸다.

$$f'(x) = \lim_{h \to 0} \frac{f(x+h) - f(x)}{h}$$

좌변의 기호 ' '를 보자. 이것은 함수 $f(x)$의 도함수라는 뜻이다. 즉 이 함수는 원래의 함수로부터 유도되었다. 함수 y에 대하여 이것의 도함수를 다음과 같이 나타낸다.

$$\frac{dy}{dx}$$

미분과 도함수

곡선의 접선을 구하는 것은 미분이라고 알려져 있다. 좀 더 정확하게는, 미분은 어떤 특정한 값에서 함수 f(x)의 순간변화율을 찾는 과정이다.

미분에서는 아래 표와 같은 규칙들이 성립한다.

규칙/도함수	식
단항식의 미분	$\dfrac{d(x^n)}{dx} = nx^{(n-1)} e \cdot g \cdot \dfrac{d(x^3)}{dx} = 3x^2$
덧셈 규칙	$\dfrac{d(y+z)}{dx} = \dfrac{dy}{dx} + \dfrac{dz}{dx}$
곱셈 규칙	$\dfrac{d(yz)}{dx} = y\dfrac{dz}{dx} + y\dfrac{dy}{dx}$
연쇄 규칙	$\dfrac{dy}{dz} = \dfrac{dy}{dx}\dfrac{dx}{dz}$
상수의 미분	$\dfrac{dc}{dz} = 0$

적분

주어진 점에서 곡선의 기울기를 찾으려고 시작한 미분을 연구한 방법과 같은 방법으로, 곡선 아래의 넓이를 알아내려는 문제를 생각함으로써 적분을 이해해보자. 아래의 넓이 S를 어떻게 구할 수 있을까?

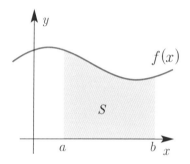

그 한 가지 방법으로 아래와 같이 이 영역을 좁고 긴 직사각형으로 나누어보자.

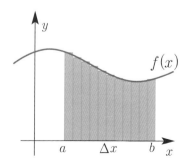

직사각형의 넓이는 Δx(x값의 작은 변화를 나타내는 것으로 델타 엑스라고 읽는다)이고 높이는 주어진 점에서의 함숫값이다. 한 직사각형 안에서 함수와 직사각형의 높이가 항상 일치하지 않으므로 오차가 있을 수 있다. 그러나 직사각형이 매우 작아지면(Δx가 0으로 갈 때의 극한값을 말한다) 이 값은 점점 더 주어진 점에서의 함숫값에 가까이 간다.

수학자들은 이것을 다음과 같이 나타낸다.

$$\int_a^b f(x)\,dx = \lim_{n \to \infty} \sum_{i=1}^{n} f(x_1)\Delta x \text{ 거기에서 } \Delta x = \frac{b-a}{n}$$

이것을 정적분(a와 b 사이의 넓이로 제한했기 때문에)이라고 한다.

부정적분

150쪽의 미분 표를 보면 상수를 미분한 것은 0임을 알 수 있다. 이것은 다항식을 미분할 때도 마찬가지이다.

$$\frac{d(x^3+3x+2)}{dx} = 3x^2+3 \text{ 과 } \frac{d(x^3+3x+6)}{dx} = 3x^2+3$$

이것은 적분(미분의 역연산)하면 $\int (3x^2+3)\,dx$ 가 x^3+3x+2도

될 수 있고 x^3+3x+6도 될 수 있다. 이처럼 사실 상수가 다른 어떤 다항식도 될 수 있다는 문제가 있다.

수학자들은 적분 결과에 다음과 같이 상수 C를 써서 해결했다.

$$\int 3x^2 + 3dx = x^3 + 3x + c$$

적분 규칙

적분	식
다항식	$\int ax^n dx = \dfrac{ax^{(n+1)}}{(n+1)} + c$
삼각함수 적분	$\int \sin x dx = -\cos x + c$ $\int \cos x dx = \sin x + c$ $\int \tan x dx = -\ln|\cos x| + c$
유리함수 적분	$\int e^x dx = e^x + c$
지수함수 적분	$\int \dfrac{1}{x} dx = \ln|x| + c$

프랙탈

오른쪽 사진은 프랙탈의 예이다. 프랙탈의 가장 큰 특징은 자기 닮음, 즉 전체가 부분과 닮은 것이다. 실제로 이것은 중앙 부분을 둘러싼 보라색 방울 같은 것에 초점을 맞춰 확대시키면 닮은 이미지를 다시 얻을 수 있다.

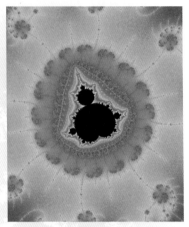

확대되는 단계마다 항상 자기 닮음 도형이 나타나기 때문에 프랙탈은 무한한 복합체로 여겨진다.

만델브로트

프랙탈은 수학자들 사이에서는 오랫동안 토론 주제였지만, 대중화된 것은 1975년 프랑스 수학자 브누아 만델브로트에 의해서이다.

놀라운 것은 믿을 수 없으리만큼 섬세한 그림이 두 개의 간단한 방정식에서 만들어진다는 점이다.

$$z(0) = z$$
$$z(n+1) = z(n)^2 + z$$

z이 실수가 아니라 복소수이기 때문에 현혹적이라고 말할 수 있다. 둘째 식이 어떤 값, 말하자면 10을 넘어서기 전에 이 그림의 색깔은 몇 단계인가(n의 값)에 따라 달라진다. 만약 이 식의 값이 실수라면 그림은 매우 보잘 것 없을 것이다.

프랙탈은 일상 현상과 크게 관련되어 있다. 예를 들어, 구름이나 해안선의 구불구불한 기복과 같은 구조는 프랙탈을 이용해서 모델링할 수 있다.

무한

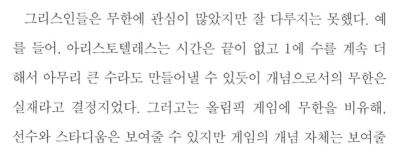

무한에 대한 아이디어 또는 끝이 없는 무엇인가는 그 기원이 기원전 4세기의 인도 수학자들에게 있는 듯하다.

그리스인들은 무한에 관심이 많았지만 잘 다루지는 못했다. 예를 들어, 아리스토텔레스는 시간은 끝이 없고 1에 수를 계속 더해서 아무리 큰 수라도 만들어낼 수 있듯이 개념으로서의 무한은 실재라고 결정지었다. 그러고는 올림픽 게임에 무한을 비유해, 선수와 스타디움은 보여줄 수 있지만 게임의 개념 자체는 보여줄 수 없는 것처럼 무한은 설명하기 어렵다고 했다.

가산무한과 비가산무한

짝수가 얼마나 많이 있는지 생각해본 적이 있는가? 지금 무한에 대해서 말하고 있기 때문에 짝수는 무한개 있다는 것은 틀림없다. 홀수는 어떤가? 홀수도 역시 무한개 있다. 그럼, 자연수(정수)는 어떤가? 그렇다. 이 수들도 무한개 있다.

무한은 모두 똑같은가?

모든 무한은 논리적으로 같지 않다. 이 이야기를 하려면 독일 수학자 게오르크 칸토어가 도입한 가산무한, 비가산무한의 개념을 가져와야 한다.

칸토어는 무한집합은 자연수로 만들어진 집합과 같은 농도를 가지면 가산집합이라고 정의했다. 유한집합은 당연히 가산집합이다. 그리고 가산집합이 아닌 집합을 비가산집합이라 한다.

무한대 기호는 1657년 영국의 수학자 존 월리스가 그의 저서 《보편적인 수학^{Mathesis Universalis}》에서 처음 사용했다.

이 말의 실제 의미는 무엇인가? 이는 특정한 집합과 자연수로 만들어진 집합 사이에 일대일 대응이 존재하면 가산이라는 뜻이다.

자연수의 집합을 잠깐 생각해보자. 모든 자연수 n에 대해 또 다른 자연수, 실제로는 홀수인 $2n+1$이 있다. 두 집합 사이에는 일대일 대응이 존재하므로 홀수는 자연수와 개수가 같다. 이 과정은 직관에 매우 반하는 것이다.

급수의 중요성

힐베르트 호텔은 독일 수학자 다비트 힐베르트가 만든 역설이다. 그는 방이 무한개인 호텔을 상상했다.

어느날 무한개의 방에 손님이 꽉 차서 빈방이 없는데 새로운 손님이 와서 방을 달라고 했다. 그러자 힐베르트는 그 손님에게 1호실을 주고, 1호실 손님은 2호실로, 2호실 손님은 3호실로… 식으로 옮기게 했다.

사실 이 과정에 의하면 호텔은 가산 무한 명만큼의 손님을 더 받을 수 있다. 1호실 손님을 2호실, 2호실 손님을 4호실과 같이 n호실 손님을 $2n$호실로 옮기면 된다. 그리고 새로운 손님들은 모두 홀수 호실로 들어가면 된다.

참고

z	0.00	0.01	0.02	0.03	0.04	0.05	0.06	0.07	0.08	0.09
1.0	.0000	.0043	.008	.0138	.0170	.0212	.0253	.0294	.0334	.0374
1.1	.0414	.0453	.0492	.0531	.0569	.0607	.0645	.0682	.0719	.0755
1.2	.0793	.0828	.0864	.0899	.0934	.0969	.1004	.1038	.1072	.1106
1.3	.1139	.1173	.1206	.1239	.1271	.1303	.1335	.1367	.1399	.1430
1.4	.1461	.1492	.1522	.1553	.1584	.1614	.1644	.1673	.1703	.1732
1.5	.1761	.1790	.1818	.1847	.1875	.1903	.1931	.1959	.1987	.2014
1.6	.2041	.2068	.2095	.2122	.2148	.2175	.2201	.2227	.2253	.2279
1.7	.2304	.2330	.2355	.2380	.2405	.2430	.2455	.2480	.2504	.2529
1.8	.2553	.2577	.2601	.2625	.2648	.2672	.2695	.2718	.2742	.2765
1.9	.2788	.2810	.2833	.2856	.2878	.2900	.2923	.2945	.2967	.2989
2.0	.3010	.3022	.3054	.3075	.3096	.3118	.3139	.3160	.3181	.3201
2.1	.3222	.3243	.3263	.3284	.3304	.3324	.3345	.3365	.3385	.3404
2.2	.3424	.3444	.3464	.3483	.3502	.3522	.3541	.3560	.3579	.3598
2.3	.3617	.3636	.3655	.3674	.3692	.3711	.3729	.3747	.3766	.3784
2.4	.3802	.3810	.3838	.3856	.3874	.3892	.3909	.3927	.3945	.3962
2.5	.3979	.3997	.4014	.4031	.4048	.4065	.4082	.4099	.4116	.4133
2.6	.4150	.4164	.4183	.4200	.4216	.4232	.4249	.4265	.4281	.4298
2.7	.4314	.4330	.4346	.4362	.4378	.4393	.4409	.4425	.4440	.4456
2.8	.4472	.4487	.4502	.4518	.4533	.4548	.4564	.4579	.4594	.4609
2.9	.4626	.4639	.4654	.4669	.4683	.4698	.4713	.4728	.4742	.4757
3.0	.4771	.4786	.4800	.4814	.4829	.4843	.4857	.4871	.4886	.4900
3.1	.4914	.4928	.4942	.4955	.4969	.4983	.4997	.5011	.5024	.5038
3.2	.5051	.5065	.5079	.5092	.5105	.5119	.5132	.5145	.5159	.5172
3.3	.5185	.5198	.5211	.5224	.5237	.5250	.5263	.5276	.5289	.5302
3.4	.5315	.5328	.5340	.5353	.5366	.5378	.5391	.5403	.5416	.5428

참고 표

여기에는 연산 기호, 기본 대수, 제곱근, 제곱, 세제곱을 포함해서 참고하기에 좋은 수학적 사실이나 기호를 표로 정리해놓았다.

수학 기호

기호	의미	기호	의미
$+$	더하기	$<$	작다
$-$	빼기	$\leq$	작거나 같다
$\times$	곱하기	$>$	크다
$\div, /$	나누기	$\geq$	크거나 같다
$=$	같다	$\propto$	비례한다
$\approx$	거의 같다	$\therefore$	그러므로
$\neq$	같지 않다	$\Rightarrow$	성립한다 ($a \Rightarrow b$는 a가 참이면 b도 참임을 의미한다)
∞	무한대	$\int$	적분
$\sqrt{}$	제곱근	Σ	합

10의 거듭제곱

전치사	10의 거듭제곱	전치사	10의 거듭제곱
엑사	10^{18}	데시	$\dfrac{1}{10}$
페타	10^{15}	센티	$\dfrac{1}{100}$
테라	10^{12}	밀리	10^{-3}
기가	10^{9}	마이크로	10^{-6}
메가	10^{6}	나노	10^{-9}
킬로	1000	피코	10^{-12}
헥토	100	펨토	10^{-15}
데카	100	아토	10^{-18}

기본 대수

식	설명	결과
$x+a=y+b$	정리하기	$x=y+b \bullet a$
$xa=yb$	양변을 x로 나누기	$a=\dfrac{yb}{x} \neq (x \neq 0)$
$(x+a)(y+b)$	전개하기	$xy+xb+ay+ab$
x^2+xa	공통인수로 묶기	$x(x+a)$
x^2-a^2	두 제곱수의 차 인수분해	$(x+a)(x-a)$
$\dfrac{1}{x}+\dfrac{1}{a}$	통분	$\dfrac{(x+a)}{xa}$

집합

기호	의미	예와 설명
$\in$	원소이다	$4 \in \{ 1, 2, 3, 4 \}$ $i.e.$ 4는 처음 자연수 4개로 된 집합의 원소이다.
$\notin$	원소가 아니다	$4 \notin \{ 1, 3, 5, 7 \}$ $i.e.$ 2는 처음 4개의 홀수로 된 집합의 원소가 아니다.
$\cup$	합집합	두 집합을 더하는 방법을 보여준다. $\{ 1, 2 \} \cup \{ 3, 4 \} = \{ 1, 2, 3, 4 \}$
$\cap$	교집합	두 집합에 모두 있는 원소를 보여준다. $\{ 1, 2, 3, 4 \} \cap \{ 2, 4, 6, 8 \} = \{ 2, 4 \}$
$\subseteq$	부분집합 (포함된다)	$\{ 1, 2, \} \subseteq \{ 1, 2, 3, 4 \}$
$\|A\|$	개수	집합 a의 원소의 개수를 알려준다. $\|\{빨강, 하양, 파랑\}\| = 3$
$\varnothing$	공집합	원소가 없는 집합
$\mathbb{P}$	소수의 집합	$\mathbb{P} = \{ 1, 2, 3, 5, 7, \cdots \}$
$\mathbb{N}$	자연수의 집합	$\mathbb{N} = \{ 1, 2, 3, 4, 5, \cdots \}$ 모든 양의 정수의 집합
$\mathbb{Z}$	정수의 집합	$\mathbb{Z} = \{ \cdots, -2, -1, 0, 1, 2, \cdots \}$ 양수, 음수 등 모든 정수의 집합
$\mathbb{Q}$	유리수의 집합	$\mathbb{Q} = \left\{ \dfrac{a}{b} : a, \; b \in \mathbb{Z}, \; b \neq 0 \right\}$ 두 정수의 비로 표현되는 모든 수들의 집합

제곱근, 제곱, 세제곱

수	제곱근	세제곱근	제곱	세제곱
1	1	1	1	1
2	1.414	1.260	4	8
3	1.732	1.442	9	27
4	2	1.587	16	64
5	2.236	1.710	25	125
6	2.449	1.817	36	216
7	2.646	1.913	49	343
8	2.828	2	64	512
9	3	2.080	81	729
10	3.162	2.154	100	1000
11	3.317	2.224	121	1331
12	3.464	2.289	144	1728
13	3.606	2.351	169	2197
14	3.742	2.410	196	2744
15	3.873	2.466	225	3375
16	4	2.520	256	4096
17	4.123	2.571	289	4913
18	4.243	2.621	324	5832
19	4.359	2.668	361	6859
20	4.472	2.714	400	8000

이진법, 십집법, 십육진법 표

십진법	십육진법	이진법	십진법	십육진법	이진법
000	00	00000000	026	1A	00011010
001	01	00000001	027	1B	00011011
002	02	00000010	028	1C	00011100
003	03	00000011	029	1D	00011101
004	04	00000100	030	1E	00011110
005	05	00000101	031	1F	00011111
006	06	00000110	032	20	00100000
007	07	00000111	033	21	00100001
008	08	00001000	034	22	00100010
009	09	00001001	035	23	00100011
010	0A	00001010	036	24	00100100
011	0B	00001011	037	25	00100101
012	0C	00001100	038	26	00100110
013	0D	00001101	039	27	00100111
014	0E	00001110	040	28	00101000
015	0F	00001111	041	29	00101001
016	10	00010000	042	2A	00101010
017	11	00010001	043	2B	00101011
018	12	00010010	044	2C	00101100
019	13	00010011	045	2D	00101101
020	14	00010100	046	2E	00101110
021	15	00010101	047	2F	00101111
022	16	00010110	048	30	00110000
023	17	00010111	049	31	00110001
024	18	00011000	050	32	00110010
025	19	00011001	051	33	00110011

정답

35쪽 **10의 거듭제곱으로 나타내기**

$7,354,267$은 7.354267×10^6로 쓸 수 있다.

38쪽 **역수**

12는 $\dfrac{12}{1}$로 바꿀 수 있다. 따라서 12를 $\dfrac{4}{3}$로 나눈다면 이를 역수로 계산했을 때 $\dfrac{12}{1} \times \dfrac{3}{4}$이 되므로 계산하면 답은 9이다.

47쪽 **괄지나곱덧뺄**

$8 + (5 \times 4^2 + 2) = 8 + (5 \times 16 + 2) = 8 + (80 + 2) = 8 + 82 = 90$

51쪽 **등차수열의 합 구하기**

$1 + 2 + 3 + 4 + 5 + 6 + 7 + 8 + 9 + 10$

$\Rightarrow (1 + 10) + (2 + 9) + (3 + 8) + (4 + 7) + (5 + 6) = 55$

74쪽 **삼각방정식**

$A = \dfrac{\text{대변}}{\text{이웃하는 변}}$ $\qquad \tan A = \dfrac{5.77}{10} = 0.577$

삼각항등식

$\sin 30° = 0.5$, $\sin 45° = 0.707$

$\cos 30° = 0.866$, $\cos 45° = 0.707$ 이므로,

$\sin 15° = \sin(45° - 30°) = \sin 45° \cos 30° - \cos 45° \sin 30°$
$\qquad = (0.707 \times 0.866) - (0.707 \times 0.5) = 0.259$

$\cos 15° = \cos(45° - 30°) = \cos 45° \cos 30° + \sin 45° \sin 30°$
$\qquad = (0.707 \times 0.866) + (0.707 \times 0.5) = 0.966$

$\sin 75° = \sin(45° + 30°) = \sin 45° \cos 30° + \cos 45° \sin 30°$
$\qquad = (0.707 \times 0.866) + (0.707 \times 0.5) = 0.966$

$\cos 75° = \cos(45° + 30°) = \cos 45° \cos 30° - \sin 45° \sin 30°$
$\qquad = (0.707 \times 0.866) - (0.707 \times 0.5) = 0.259$

직육면체의 겉넓이와 부피 구하기

블록 한 개의 부피 $= 7 \times 3 \times 2 = 42$ ㎝

상자의 부피 $= 27 \times 42 = 1,134$ ㎝^{3}

이 상자의 겉넓이 $= 2 \times (lw + lh + hw)$

$\qquad\qquad\qquad = 2 \times (21 \times 9 + 21 \times 6 + 9 \times 6) = 738$ ㎝^{2} 이므로

필요로 하는 가장 작은 포장지의 겉넓이를 알 수 있다.

111쪽 **괄호전개하기**

$3(y-5)=0$은 $3y-15=0$

$(x-5)(x-7)=0$은 $x^2-5x+35-7x=0$ 또는 $x^2-12x+35=0$

115쪽 **방정식을 내림차순으로 정리하기**

$5x^2+6x-3=\frac{1}{2}x^2+\frac{3}{x}+6$의 양변에 x를 곱하면,

$5x^3+6x^2-3x=\frac{1}{2}x^3+3+6x$

양변에 2를 곱하면,

$10x^3+12x^2-6x=x^3+6+12x$

이를 정리하면,

$9x^3+12x^2-18x-6=0$

양변을 3으로 나누면

$3x^3+4x^2-6x-2=0$

118쪽 **아버지와 아들의 나이는?**

2년 전 나이: $F-2=4\times(B-2)=4B-8,\ F=4B-6$

3년 후 나이: $F+3=3\times(B+3)=3B+9,\ F=3B+6$

두 식을 연결하면 $4B-6=3B+6$을 얻는다.

따라서 $B=12$.

현재 아들이 12살이므로 아버지의 나이는 42살이다.

124쪽 **과자의 개수는?**

$c=2r$이라 하면

$c \times \$0.20 + r \times \$0.15 \leqq \$11$이므로

$2r \times \$0.20 + r \times \$0.15 \leqq \$11$이다. 그러므로

$r \times \$0.55 \leqq \$11$ 또는 $r \leqq 20$이 된다.

따라서 초콜릿 과자 40개와 건포도 과자 20개를 살 수 있다(총 60개).

Chaper 6

156쪽 **이진법의 수**

$$
\begin{array}{r}
111111 \\
110101\ + \\
\hline
1110100
\end{array}
$$

찾아보기

이미지 저작권